Silabario
para deletrear el universo
y la manada humana

Silabario
para deletrear el universo
y la manada humana

Crisólogo

libros en **red**

www.librosenred.com

Dirección General: Marcelo Perazolo
Dirección de Contenidos: Ivana Basset
Diseño de cubierta: Daniela Ferrán
Diagramación de interiores: Javier Furlani

Primera edición en español - Impresión bajo demanda

© LibrosEnRed, 2012
Una marca registrada de Amertown International S.A.

ISBN: 978-1-59754-822-9

Para encargar más copias de este libro o conocer otros libros de esta colección visite www.librosenred.com

PRÓLOGO

Con la expresión "silabario para deletrear", utilizada en el título del presente libro, creo dejar absolutamente en claro que no es una obra que pretenda efectuar una tarea de divulgación científica respecto de su tema.

Además, cuando lo que se pretende es dar una ayuda elemental para lanzar los primeros balbuceos sobre "el universo y la manada humana", resulta indudable que el autor está consciente de que el tema que se pretende abarcar tiene una extensión ilimitada, cuyo conocimiento en profundidad y en todos sus aspectos es tarea imposible de intentar por una sola mente humana. Tal vez, también lo sea para un equipo de especialistas en cada materia y la única solución esté en soñar con computadoras lo suficientemente poderosas y programas adecuados para procesar la inconmensurable información que sería necesario manejar.

Este libro nació como un conjunto de apuntes o ayuda memoria de un prisionero que ha soñado toda su vida con escapar de la cárcel mental a que está condenado todo ser humano. Porque, ¿de qué está hecha mi mente? Ella constituye un bricolaje de instintos, conocimientos, delirios y visiones sobre la realidad externa a mí, sobre yo mismo y sobre la relación entre ambos, que vienen escritos desde el fondo de los tiempos en mis genes. Esta mente que ha sido amamantada por la visión del mundo que está implícita en el lenguaje de mi manada humana, que me ha aportado el medio social en que nací, que me ha aportado la educación que recibí, que me ha aportado el bombardeo constante de los medios de comunicación, que me ha aportado, en fin, la relación con los demás seres humanos.

Un día me dije: "¡Basta de servidumbres! ¡Voy a intentar saber por mí mismo!".

Decidí publicar estos apuntes pensando que pueden servir de simple guía imperfecta a aquellos seres humanos que deseen emprender la misma aventura.

No pretendo engañar a nadie. Se trata de un camino interminable, que no tiene otro premio que asomarse a la realidad con los conocimientos de nuestro tiempo y poder decir: "¡Esto es lo que yo pienso!".

Los sabios saben lo que se avecina

Los hombres conocen el presente.
El futuro lo conocen los dioses,
únicos dueños absolutos de todas las luces.
Pero del futuro, los sabios captan
lo que se avecina. En ocasiones
su oído, en la horas de honda reflexión,
se sobresalta. El secreto rumor
les llega de hechos que se acercan.
Y a él atienden reverentes. Mientras en la
calle,
fuera, el vulgo nada oye.

C. P. Cavafis

Primera parte
El universo y la vida

Capítulo I
El macrouniverso

1- El origen

Hoy ya no existe discusión en cuanto al hecho de que el universo surgió de una gigantesca explosión, ocurrida hace unos 14 000 millones de años, a la que se ha denominado Big Bang. Recordemos al respecto que, en 2006, la Real Academia Sueca de las Ciencias concedió el Nobel de Física a los astrofísicos estadounidenses John C. Mather y George F. Smoot, que lideraron la misión del Cosmic Background Explorer, de la NASA, que hizo un mapa de la radiación de fondo de microondas del universo, detectando las perturbaciones generadas por las primeras estructuras formadas hasta 300 000 años después del Big Bang.

Al momento del Big Bang, el universo tenía tamaño cero y era infinitamente caliente. Un segundo después del Big Bang, la temperatura había alcanzado a 10 000 millones de grados y, en ese momento, el universo contenía, fundamentalmente, fotones, electrones y neutrinos, y sus antipartículas, junto con algunos protones y neutrones.

Aproximadamente cien segundos después del Big Bang, la temperatura había descendido a 1000 millones de grados, y los protones y neutrones comenzaron a combinarse para formar núcleos de átomos de deuterio o hidrógeno pesado, que contenían un protón y un neutrón. Los núcleos de deuterio se combinaron, entonces, con más protones y neutrones, para formar núcleos de helio, surgiendo, también, aunque en menores cantidades, elementos más pesados: litio y berilio.

Expresa Stephen W. Hawking en su obra *La teoría del todo*: "Unas pocas horas después del Big Bang, la producción de helio y otros elementos se habría detenido. Y, después de eso, durante el siguiente millón de años aproximadamente, el universo habría seguido expandiéndose, sin que sucediera mucho más. Por último, una vez que la temperatura hubiera caído a unos pocos miles de grados, los electrones y los núcleos ya no habrían tenido energía suficiente para superar la atracción electromagnética entre ellos. Entonces, habrían empezado a combinarse para formar átomos. El universo en conjunto habría seguido expandiéndose y enfriándose; sin embargo, en regiones que fueran ligeramente más densas que la media, la expansión habría sido frenada por la atracción gravitatoria extra. Con el tiempo, esto detendría la expansión de algunas regiones y haría que empezaran a colapsar de nuevo. Mientras estaban colapsando, la atracción gravitatoria de la materia fuera de dichas regiones haría que empezaran a rotar ligeramente. A medida que la región que colapsaba se hiciera más pequeña, rotaría con más velocidad, de la misma forma que los patinadores que giran sobre el hielo lo hacen con más rapidez cuando encogen sus brazos. Finalmente, cuando la región llegara a ser bastante pequeña, giraría lo suficientemente rápido para equilibrar la atracción de la gravedad. De este modo nacieron galaxias rotatorias de tipo disco. Con el paso del tiempo, el gas en las galaxias se rompería en nubes más pequeñas que colapsarían bajo su propia gravedad. Conforme estas se contrajeran, la temperatura del gas aumentaría hasta que se hiciera suficientemente caliente para iniciar reacciones nucleares. Estas transformarían el hidrógeno en más helio, y el calor cedido elevaría la presión, y con ello detendría la contracción posterior de las nubes. Permanecerían en ese estado durante mucho tiempo como estrellas similares a nuestro Sol, quemando hidrógeno para dar helio e irradiando la energía como calor y luz."

1 - MATERIAS QUE COMPONEN EL UNIVERSO

La clasificación básica es la siguiente:

Radiación. La componen partículas sin masa o prácticamente sin masa que se mueven a la velocidad de la luz. Los ejemplos conocidos incluyen los fotones (unidades de luz) y los neutrinos. Esta forma de materia se caracteriza por tener una fuerte energía positiva. Dada su ausencia de masa, no la consideraremos en la composición porcentual de la materia en el universo.

Materia bariónica. Es lo que ordinariamente se considera como "materia", compuesta, fundamentalmente, de protones, neutrones y electrones. Respecto de ella se distingue entre la materia visible, en la que destacan las estrellas, los planetas y los gases calientes, que representa un 0.4% de la materia del universo; y la materia no luminosa, como los hoyos negros y el gas intergaláctico, que representa un 3,6% de la materia del universo.

Materia obscura. Se trata de una materia todavía no suficientemente conocida, que interacciona débilmente con la materia ordinaria. Con el telescopio espacial Hubble se detectó, en 2007, un anillo de materia obscura formado hace miles de millones de años en un gigantesco choque entre dos cúmulos masivos de galaxias. Ella sería la fuente de la gravedad adicional necesaria para mantener unidas las galaxias, ya que la producida por la materia bariónica es insuficiente para alcanzar dicho efecto. La materia obscura representa un 22% de la materia del universo.

Energía obscura. Es una extraña forma de materia que se caracteriza por una muy fuerte energía negativa que actúa como una especie de antigravedad. Es la única forma de materia que puede causar el fenómeno de la acelerada expansión del universo. Representa el restante 74% de la materia de este.

2 - Fuerzas fundamentales del universo

Se denominan "fuerzas fundamentales del universo" aquellas que no se pueden explicar en función de otras más básicas. Ellas son:

La gravedad. Es la fuerza de atracción que un trozo de materia ejerce sobre otro, y afecta a todos los cuerpos. Es una fuerza muy débil y de un solo sentido, pero su alcance es infinito.

La fuerza electromagnética. Afecta a los cuerpos eléctricamente cargados, y es la fuerza involucrada en las transformaciones físicas y químicas de átomos y moléculas. Es mucho más intensa que la fuerza gravitatoria; tiene dos sentidos (positivo y negativo) y su alcance es infinito.

La fuerza nuclear fuerte. Es la que mantiene unidos los componentes de los núcleos atómicos.

La fuerza nuclear débil. Produce la desintegración de los neutrones y es la única a la cual son sensibles los neutrinos.

3 - Cómo nacen y mueren las estrellas

Luego del Big Bang, el universo se expandió en la forma de una nube de gas. Después de alrededor de 1000 millones de años, la gravedad comprimió bolsones de gas dando origen al proceso de creación de las galaxias, que son sistemas en los que interactúan estrellas, planetas, polvo, materia obscura, gravedad y fuerza obscura.

La confirmación de este hecho se obtuvo, en 2004, mediante el telescopio espacial Hubble, que tomó una fotografía de una diminuta zona del cielo para grabar imágenes de los objetos más débiles y distantes del campo de visión. Estas imágenes mostraron aproximadamente un centenar de manchas rojas débiles, cada una correspondiente a una galaxia enana, vista por la luz que dejaron cuando el universo tenía un poco más de 1000 millones de años.

Se estima que en el universo observable existen más de 100 000 millones de galaxias, en cada una de las cuales se cree que nacen y mueren cientos de miles de millones de estrellas.

¿Cómo nacen las estrellas? Cuando una nube de gas es lo suficientemente grande comienza a contraerse, con lo cual se produce un aumento paulatino de su densidad y de su temperatura, llegando al punto en que el hidrógeno comienza a transformarse en helio. El inicio de la fusión nuclear completa la transformación de lo que fuera una nube de gas en una estrella y la contracción se detiene.

Después de miles de millones de años, la provisión de hidrógeno se agota, la estrella comienza a contraerse de nuevo y debe usar como combustible el helio. En esta etapa se la denomina "gigante roja". Cuando se acaba el último tipo de combustible, la estrella, habiéndose desprendido de capas que no puede sostener y ya reducida a lo que se denomina "enana", deja de brillar.

En el caso de las estrellas mayores, aquellas que son 40 veces o más grandes que el Sol, las capas externas de la estrella son arrojadas con enorme fuerza, generándose lo que se denomina una "supernova".

En esta breve enumeración de los principales entes que componen el universo, es necesario mencionar, al menos, los quásares y los agujeros negros.

Un agujero negro es un grupo de materia que tiene una atracción gravitacional tan grande que nada, ni la luz, se puede escapar de él. Existen agujeros negros que han surgido del proceso de extinción de estrellas masivas, a los que obviamente se han denominado agujeros negros de "masa estelar". Pero, otras veces, se da el fenómeno de millones de estrellas que se agrupan en una esfera con un radio no mayor al de nuestro sistema solar, formándose un agujero negro supermasivo, del que nada puede escapar jamás.

En cuanto a los quásares, son entes que, al parecer, han obtenido su energía de los agujeros negros supermasivos y contienen una masa igual a millones de estrellas como el Sol. Los quásares son objetos enormemente brillantes en el corazón de algunas galaxias, que hacen difícil ver las estrellas de la misma galaxia.

4 - EL UNIVERSO SE ENCUENTRA EN EXPANSIÓN

En un comienzo, el universo se expandió lentamente, como una nube de gas. Esta velocidad de expansión se mantuvo lenta por unos 5000 millones de años, como consecuencia de la gravedad proveniente de la materia bariónica y de la materia obscura, que representaban hasta entonces un 25% de la materia del universo.

Pero como la expansión continuó, la influencia de la energía obscura, que formaba el resto del universo, comenzó a sobrepasar la de la gravedad y la tasa de expansión comenzó a acelerarse.

Como ya hemos indicado, las supernovas son estrellas que explotan con un brillo predecible. La luz de las supernovas distantes se ve más tenue y roja que lo esperado, lo que implica que el universo se está expandiendo.

Las estrellas se alejan del observador con mayor rapidez, mientras mayor sea la distancia a que ellas se encuentran.

En síntesis, el universo se está expandiendo a una velocidad siempre creciente, como consecuencia del empuje de la energía obscura, que sobrepasa la fuerza de gravedad que podría atraerlo hacia su punto de partida.

5 - LA VÍA LÁCTEA Y EL SISTEMA SOLAR

La Vía Láctea es una galaxia espiral con un diámetro medio de unos 100 000 años luz, de la que forman parte alrededor de 200 millones de estrellas, entre las que se encuentra nuestro sistema solar.

Forma parte de un conjunto de unas 40 galaxias llamado "grupo local", y es la segunda más brillante, después de la galaxia de Andrómeda.

La Vía Láctea tiene tres componentes principales:

a. un disco tenue que contiene estrellas jóvenes y de edad intermedia, gas activo para la formación de nuevas estrellas y brazos en espiral, que también son generadores de estrellas;

b. un conjunto de estrellas más viejas;

c. un halo obscuro extendido, cuya composición es desconocida.

El sistema solar se encuentra en uno de los brazos de la Vía Láctea, conocido como el brazo de Orión, y su distancia del centro de la galaxia es de unos 28 000 años luz.

Está formado por una sola estrella más siete planetas que orbitan a su alrededor.

El Sol se formó hace unos 5000 millones de años. En consecuencia, no es una estrella originaria en la formación del universo, sino que es el producto de acumulación por gravitación del polvo espacial, compuesto, entre otros, de los restos de estrellas extinguidas con anterioridad.

Se estima que el Sol está actualmente en una edad media, de tal manera que el hidrógeno que aún existe en él permitirá su subsistencia por unos 5000 millones de años más.

Dado que el Sol es una estrella pequeña, su extinción seguirá el proceso de estas, es decir, terminará convertido en una estrella enana y desaparecerá su sistema planetario.

Capítulo II
El microuniverso

Explica Mario Toboso, en su obra *La teoría cuántica*:

"La teoría cuántica es uno de los pilares fundamentales de la física actual. Se trata de una teoría que reúne un formalismo matemático y conceptual, y recoge un conjunto de nuevas ideas introducidas a lo largo del primer tercio del siglo XX, para dar explicación a procesos cuya comprensión se hallaba en conflicto con las concepciones físicas vigentes. Las ideas que sustentan la teoría cuántica surgieron, pues, como alternativa al tratar de explicar el comportamiento de sistemas en los que el aparato conceptual de la física clásica se mostraba insuficiente. Es decir, una serie de observaciones empíricas, cuya explicación no era abordable a través de los métodos existentes, propició la aparición de nuevas ideas. Hay que destacar el fuerte enfrentamiento que surgió entre las ideas de la física cuántica y aquellas válidas hasta entonces, digamos de la física clásica. Lo cual se agudiza aun más si se tiene en cuenta el notable éxito experimental que estas habían mostrado a lo largo del siglo XIX, apoyándose básicamente en la mecánica de Newton y en la teoría electromagnética de Maxwell (1865). Era tal el grado de satisfacción de la comunidad científica que algunos físicos, entre ellos uno de los más ilustres del siglo XIX, William Thompson (Lord Kelvin), llegó a afirmar: "Hoy día la física forma, esencialmente, un conjunto perfectamente armonioso, ¡un conjunto prácticamente acabado!... Aún quedan 'dos nubecillas' que oscurecen el esplendor de este conjunto. La primera es el resultado negativo del experimento de Michelson-Morley. La segunda, las profundas discrepancias entre la experiencia y la ley de Rayleigh-Jeans". La disipación de la primera de esas "dos nubecillas" condujo a la creación de la teoría especial de la relatividad de Einstein (1905), es decir, el hundimiento de los conceptos absolutos de espacio y tiempo, propios de la mecánica de Newton, y a la introducción del "relativismo" en la descripción física de la realidad. La segunda "nubecilla" descargó la tormenta de las primeras ideas cuánticas, debidas al físico alemán Max Planck (1900)."

En su obra *Biografía del universo*, John Gribbin expresa:

"El primer paso a través de esta nueva comprensión de la física había provenido de Max Planck, en Alemania, a principios del siglo XX. Planck había descubierto que la única manera de explicar las observaciones de cómo la luz es irradiada por objetos calientes sería posible si la luz fuera emitida en pequeños trozos, paquetes llamados "cuantos". Por entonces, los científicos creían que la luz era un tipo de onda, una vibración electromagnética, ya que las observaciones del comportamiento de la luz en muchos experimentos encajaban con las predicciones del modelo de onda. Al principio, ni el propio Planck ni sus contemporáneos creían que la luz existía en forma de pequeños trozos, solo suponían que las propiedades de la materia ––es decir, de los átomos–– podían ser emitidas (o absorbidas) en ciertas cantidades. Se puede hacer una analogía con un grifo que gotea. El hecho de que el agua gotee del grifo en forma de diminutos "trozos" no significa que el agua en el depósito que alimenta el grifo solo exista en forma de gotas separadas. Albert Einstein, en 1905, fue la primera persona en los tiempos modernos en tomarse en serio la idea de que la luz realmente existía en la forma de pequeños trozos, partículas de luz que se conocerían como fotones, y en los siguientes diez años fue el único que defendió esta idea. Pero resulta que el comportamiento de la luz en algunos experimentos realmente encaja con las predicciones del modelo de partícula. ¡De modo que el modelo de partícula debe ser un buen modelo también! Ningún experimento muestra a la luz comportándose como una onda y una partícula a la vez; pero puede encajar con las predicciones de los dos modelos dependiendo de la naturaleza del experimento. Vale la pena dejar esto claro porque es un ejemplo muy bueno de las limitaciones de los modelos. Nunca nadie debería haber dicho (o pensado) que la luz es una onda o que es una partícula. Todo lo que podemos decir es que bajo circunstancias apropiadas, la luz se comporta como si fuera una onda o como si fuera una partícula —del mismo modo que bajo algunas circunstancias un átomo se comporta como si fuera una pequeña bola maciza, mientras que en otras circunstancias se comporta como si fuera un diminuto núcleo rodeado por una nube de electrones—. No hay ninguna paradoja, ningún conflicto en esto. Las limitaciones están en nuestros modelos y en nuestra imaginación humana porque estamos tratando de describir alguna cosa que es, en su totalidad, diferente a todo lo que hayamos experimentado en nuestros sentidos. La confusión que sentimos cuando tratamos de imaginar cómo la luz puede ser una onda y una partícula es parte de lo que el físico americano Richard Feynman denominó "una reflexión de un incontrolado, pero vano deseo de ver esto en términos de algo familiar". La luz es, en realidad, un fenómeno cuántico que se puede describir de modo muy efectivo en formas de ecuaciones matemáticas, pero de la que una imagen mental de la vida cotidiana no nos dará una idea de cómo es. El mundo cuántico en su totalidad es así, y la primera gran contribución de Niels Bohr a la física fue incorporar matemáticas de física cuántica a un modelo de átomo, sin preocuparse demasiado sobre si ese modelo "tendría sentido" en los términos cotidianos. Lo que importa, no obstante, es que Bohr encontró un modelo que funcionaba muy bien, prediciendo dónde deberían estar las líneas de espectro, aunque la idea de lo que se dio a conocer como órbitas "cuantificadas" no tenía sentido en términos de nuestra experiencia cotidiana. De modo igualmente desconcertante, de acuerdo con este modelo, los cambios suceden como si un electrón desapareciera de una órbita e instantáneamente apareciera en otra órbita, sin haber cruzado en ningún momento el espacio intermedio. Aunque supuso un largo tiempo para los científicos comprenderlo, Bohr había dejado claro que un modelo no tiene que tener sentido para ser un buen modelo: el único requisito es hacer predicciones (basadas en matemáticas sólidas y física observada) que encajen con el resultado de los experimentos. El modelo de Bohr del átomo a menudo se considera pintoresco y, en la actualidad, pasado de moda. La imagen que tienen los físicos del electrón ha cambiado mucho desde ese día, no menos desde el descubrimiento en los años veinte de que bajo algunas circunstancias experimentales un electrón se comporta como si fuera una onda. Precisamente como la luz (y, efectivamente, como cualquier otra entidad en el mundo cuántico), el electrón presenta una "dualidad onda-partícula". No podemos decir que es una onda o que es una partícula, solo que algunas veces (de un modo predecible, no por capricho) se comporta como si fuese una onda y, otras veces, se comporta como si fuese una partícula. Esto nos lleva a la idea de que todos los electrones en un átomo ocupando una nube confusa, difusa alrededor del núcleo, con cambios en la energía de la nube que ocurren de maneras más sutiles que una partícula diminuta saltando de una órbita a otra."

Con estas citas hemos pretendido proporcionar apenas una muestra de la inmensa y formidable complejidad del universo subatómico, a cuyo acceso cabal solo es posible con una doble exigencia: una excepcional capacidad de manejo de los modelos matemáticos y un excelente nivel de conocimiento teórico y experimental de la física cuántica.

Aquella vieja concepción del átomo —hecha a imagen y semejanza de nuestro sistema solar—, formado por un núcleo a cuyo alrededor giraban ordenadamente en sus órbitas los electrones, ha quedado perdida en el pasado.

¿Cómo es realmente el átomo? Comencemos por trasladar su dimensión a un ejemplo comprensible para cualquier ser humano. Si imaginamos que el núcleo es del tamaño de una de esas canicas de vidrio con que juegan los niños, el espacio en el que giran los electrones debería ser del tamaño de las graderías de un gran estadio. Tendríamos allí girando una nube de electrones, que podrían ser partículas o podrían ser ondas, según las circunstancias, y que se desplazarían, a nuestro parecer, desordenadamente, ya que cambiarían repentinamente de órbitas, pero que, además, lo harían solo desplazándose entre órbitas preestablecidas, sin jamás ocupar o pasar por una órbita intermedia.

La verdad es que en la física actual, la dinámica de la materia y de la energía en la naturaleza se entiende, más bien, dentro del concepto de interacción de partículas fundamentales, que serían:

1. Los fermiones. Constituyen las partículas de materia que son de dos tipos. Los quarks (up, down, strange, charm, top y bottom) y los leptones (electrón, muón, tau y sus neutrinos).

2, Las partículas mediadoras de la fuerza. Constituyen la forma en que las partículas interaccionan recíprocamente y se influencian mutuamente. Se denominan "fotones", "bosones" y "gluones".

3. El bosón de Higgs. Esta partícula no ha sido observada totalmente hasta ahora y sería la que explicara la masa de otras partículas fundamentales. Su detección es uno de

los objetivos perseguidos con la construcción del Gran Colisionador de Hadrones, ubicado en los Pirineos, que está actualmente iniciando su funcionamiento.

Ocurre con el microuniverso, tal como con el macrouniverso, que es necesario que aceptemos el paso de una concepción de un todo estable a la de un todo inestable; de la visión de la existencia de una creación completa y definitiva a la de un proceso de creación natural indefinida; de la idea de un universo ordenado a la de un universo cambiante en función de estados potenciales. En otras palabras, aparentemente desordenado, pero no caótico.

Capítulo III
La vida

1 - Introducción

Comenzaremos recurriendo al biólogo Nasif Nahle para averiguar acerca del concepto de la vida:

"Debido a que durante muchos años fuimos incapaces de describir la vida, los biólogos tomábamos las funciones de los seres vivientes como la definición de la vida. Aunque estudiemos la vida por la observación de los macro estados de los seres vivientes, estos no son la vida. Las funciones realizadas por los seres vivientes, como la reproducción, la fotosíntesis, la respiración celular, etcétera, no son la vida. Como su designación lo dice claramente, los seres vivientes experimentan vida, pero ellos no son la vida. No existe una definición directa de la vida, sino que, a partir de observaciones directas e indirectas del estado térmico de las estructuras vivas, podemos decir lo siguiente: *La vida es la dilación en difusión o dispersión espontánea de la energía interna de las biomoléculas hacia más estados potenciales.* ¿Por qué es tan difícil definir la vida? Esta pregunta tiene una respuesta concisa porque la vida no es una cosa que pueda tocarse, sino un estado que solo puede describirse operacionalmente. No podemos decir que la vida es un aliento, una brisa, ni la estructura x o y; tampoco podemos decir que la vida sea una forma de energía; pero sí podemos decir que *la vida es un estado de la energía cuántica.* Por supuesto, la vida está representada por los seres vivientes, sin embargo, no podemos decir que los seres vivientes sean la vida, pues, al morir estos, los seguimos teniendo como materia inerte, no viviente. Luego, pues, la vida es un estado de la energía en ciertos arreglos de la materia a los cuales nosotros llamamos "seres vivientes" o "biosistemas".

Ahora, bien, las unidades morfológicas y fisiológicas básicas que tienen existencia propia son las denominadas genéricamente "células". Ellas son por sí mismas seres vivientes temporalmente autónomos, que se alimentan, capturan energía de su medioambiente y la dirigen, respiran, se comunican internamente y hacia el exterior, se reproducen, evolucionan y se asocian con otras células, creando organismos pluricelulares.

Es esta última característica la que nos permite afirmar que las células son en la naturaleza los verdaderos amos de la vida.

Como expresan los profesores Lynn Margulis y Dorian Sagan, en su obra *Microcosmos*:

"Rememoramos la historia evolutiva desde la nueva perspectiva de las bacterias. Estos organismos, de manera individual o en agregados multicelulares, de escaso tamaño y con una enorme influencia en el ambiente, fueros los únicos habitantes de la Tierra desde el origen de la vida, hace 4000 millones de años, hasta que se originaron las células nucleadas unos dos mil millones de años más tarde. Las primeras bacterias eran anaeróbicas: se envenenaron con el oxígeno que algunas de ellas liberaban como producto residual. Respiraban en una atmósfera que contenía compuestos energéticos, como el sulfuro de hidrógeno y el metano. *Desde la perspectiva microcósmica, la existencia de las plantas y de los animales, incluida la especie humana, es reciente; podría tratarse de fenómenos pasajeros en un mundo microbiano mucho más antiguo y fundamental.* Dos mil millones de años antes de que surgiera cualquier animal o planta ya existían microorganismos simbióticos consumidores de energía, que eran depredadores, tenían capacidad de nutrición, movimiento, mutación, recombinación sexual, fotosíntesis y reproducción, y podían proliferar desmesuradamente."

Margulis y Sagan agregan:

"La noción de la evolución como una lucha crónica y encarnizada entre individuos y especies, distorsión popular de la idea darwiniana de la "supervivencia de los mejor dotados", se desvanece con la nueva imagen de cooperación continua, estrecha interacción y mutua dependencia entre formas de vida. La vida no copó la Tierra tras un combate, sino extendiendo una red de cooperación por su superficie. Las formas de vida se multiplicaron y se hicieron cada vez más complejas, integrándose con otras, en vez de hacerlas desaparecer."

Los seres vivos unicelulares se dividen en tres dominios: las procariotas, las eucariotas y las arqueas. A ellas nos referiremos a continuación.

2 - Los amos de la vida

a) Las procariotas

Las células procariotas, denominadas comúnmente "bacterias", término que utilizaremos en lo sucesivo, son los organismos unicelulares más abundantes en la tierra y se calcula que existen 40 millones de bacterias en un gramo de tierra y 1 millón de ellas en una gota de agua.

Las bacterias son los primeros organismos vivos que existieron en nuestro planeta y se estima que su origen se produjo hace unos 4000 millones de años.

La bacteria es un organismo rodeado por una membrana celular, que constituye una barrera de contención de los nutrientes, las proteínas y demás componentes de su contenido interno, denominado "citoplasma".

Este citoplasma presenta pocas estructuras intracelulares y en él el material genético está organizado en un solo cromosoma situado dentro de un cuerpo irregular denominado "nucleoide", que contiene, además, las proteínas, los ribosomas necesarios para la síntesis de estas y el ARN.

Especialmente destacable es el hecho de que algunas bacterias pueden formar endosporas, que son estructuras durmientes que permiten a estos organismos celulares sobrevivir durante millones de años en las condiciones físicas y químicas más extremas imaginables, tales como los más altos niveles de luz ultravioleta, de rayos gamma, de calor, de presión y de radiación, pudiendo, incluso, resistir el vacío del espacio exterior.

El tipo de metabolismo que permite la vida de las bacterias es enormemente variado y constituye su fuente de energía, entre otros, el carbono, la luz y las substancias químicas.

En la práctica, no existe hábitat que resulte inhabitable para las bacterias, ya se trate de la corteza terrestre o de las profundidades de la tierra y de las aguas, y cualesquiera que sean las condiciones físicas y químicas que existan en dichos lugares.

La reproducción de las bacterias es asexuada (mitosis) y se produce por simple división binaria que genera verdaderos duplicados de sí mismas, lo que no excluye la posibilidad de evolución por mutaciones al azar o por exposición a agentes mutagénicos.

En condiciones adecuadas, las bacterias pueden reproducirse en períodos que fluctúan entre 15 y 30 minutos, lo cual implica que en solo medio día una bacteria puede reproducirse en una cantidad equivalente al número de seres humanos que existen sobre la Tierra.

Para sobrevivir, las bacterias forman asociaciones sumamente complejas con otros organismos. Existen, por ejemplo, las bacterias comensales, que crecen sobre animales o plantas, como aquellas que producen el mal olor corporal; y las mutualistas, que se asocian con organismos que son indispensables para la mutua supervivencia, como ocurre con aquellas que habitan las raíces de los vegetales y transforman el nitrógeno atmosférico en compuestos nitrogenados que son absorbibles por las plantas.

De este tipo de bacterias son las que se asocian con el organismo humano. Solo en el tracto digestivo existen alrededor de mil especies de bacterias que sintetizan vitaminas, fermentan los carbohidratos indigeribles y convierten las proteínas de la leche en ácido láctico. Muchas de estas bacterias cumplen en el ser humano el importantísimo papel de impedir el crecimiento de las bacterias patógenas.

Ocurre, entonces, que junto con ser determinadas bacterias esenciales para la vida humana, las hay también que no solo son dañinas para ella, sino que constituyen una de las principales causas de mortalidad, como sucede con aquellas que provocan el cólera, la difteria, la escarlatina, la fiebre tifoidea, la neumonía, la sífilis, la tuberculosis, el tétano, etcétera.

No escapan del efecto patógeno de las bacterias los animales y los vegetales, que sufren a consecuencia de ellas numerosas enfermedades, como el carbunclo, la salmonela, la mastitis, etcétera.

Finalmente, explican Margulis y Sagan:

"En sus primeros 2000 millones de años, los procariontes transformaron continuamente la superficie de la Tierra y la atmósfera. Fueron los inventores, a escala reducida, de todos los sistemas químicos esenciales para la vida, cosa que el ser humano está aún lejos de conseguir. Esta antigua y elevada biotecnología condujo al desarrollo de la fermentación, de la fotosíntesis, de la utilización del oxígeno en la respiración y de la fijación del nitrógeno atmosférico. También fue la causa de diversas crisis de hambre, contaminación y extinción a escala planetaria mucho antes de que se vislumbraran formas de vida de mayor tamaño."

b) Las eucariotas

Si el ser humano hubiera dispuesto desde más temprano en el tiempo de los conocimientos que hoy ha alcanzado la investigación científica, es probable que jamás habría incurrido en la distorsión mental, que tanto daño ha causado a su propia especie y a todo el ecosistema en que habita, de considerar al hombre como rey de la creación y de investirlo de la facultad de enseñorearse sobre la Tierra.

Si existen auténticas reinas de la creación, esas son las células eucariotas, organismos vivos microscópicos, impresionantes por la complejidad inmensurable de su estructura y funciones, y por crear, en una tarea realizada en 1000 millones de años, una cantidad indeterminable de nuevos seres vivos multicelulares, adaptándolos a las circunstancias cambiantes de sus hábitats, y creando nuevos, a medida que aquellos se extinguían.

En la actualidad, los científicos han logrado un conocimiento más o menos completo de la estructura de estas células, pero aún se está muy lejos de comprender el complejísimo mecanismo de sus funciones.

El dominio de las eucariotas comprende la totalidad de los animales, las plantas y los hongos, seres vivos que comparten un origen común o son semejantes a nivel molecular.

En lo que sigue tan solo nos referiremos a las células eucariotas en el dominio animal.

Las eucariotas son, en general, células microscópicas, sumamente variables en su tamaño y forma. Se estima que un milímetro cúbico de sangre puede contener 5 millones de ellas.

Están formadas por las siguientes estructuras y organelas, que, en forma muy genérica, realizan las funciones que señalamos a continuación:

- La membrana celular, que la aísla del exterior y regula la entrada y salida de compuestos.
- El citoplasma constituido por un medio hidrosalino, en el que se desarrollan las reacciones químicas.
- El citoesqueleto, que soporta su estructura.
- El núcleo, que contiene el material genético (ADN).
- El nucleolo, que produce ribosomas y efectúa la síntesis del ARN.
- Los ribosomas, que sintetizan las proteínas sobre la base de la información genética que recibe del núcleo.
- Los retículos endoplasmáticos que reciben las proteínas, efectúan su transporte y realizan otros procesos metabólicos.
- Las mitocondrias, que producen la energía a partir de la respiración celular.
- Las vacuolas, que almacenan alimentos o productos de desecho.
- Los centríolos, que intervienen en la separación de los cromosomas durante la división celular.

Pero, como ya lo hemos señalado, si bien es cierto que la investigación científica ha logrado desentrañar la estructura de los eucariontes, estamos infinitamente lejos de poder explicar con exactitud cómo se realizan las numerosas y complejas funciones que estos seres vivos microscópicos desarrollan.

Solo a manera de ejemplo de tal complejidad, citaremos un párrafo elegido al azar de la explicación del profesor Andrew Quest acerca de una función celular:

"Existen por lo menos 3 mil proteínas involucradas en la transcripción de señales en la célula, (que son) las órdenes que echan a andar el engranaje interno. Además, de los 30 mil genes que tenemos los seres humanos, hasta el 20% de ellos también participarían en el proceso. Cuando llega un mensaje a la superficie de la célula, lo reciben moléculas que lo reconocen y traducen. Ellas envían una nueva instrucción, apoyadas por "segundos mensajeros", especies de carteros que llegan a ser más de 15 tipos distintos. Casi todas las proteínas son responsables de esos carteros, pues, además, cuentan con segmentos que funcionan como "andamiajes" entre otras moléculas, para que ellas conversen entre sí. No está claro por qué prefieren una molécula sobre otra y cuál rol asumirán. Generalmente (se) analizan las proteínas como entes individuales, pero ellas están hablando a la vez con otros 30 o 40 componentes y, según con quién, hacen una cosa u otra. La posibilidad de variación es casi infinita."

En cuanto a la reproducción, además de la división asexual (mitosis), la gran mayoría de los eucariontes tienen un proceso de reproducción sexual (meiosis).

La reproducción sexual se caracteriza por la fusión de dos células sexuales haploides, es decir, que contienen un solo juego de cromosomas, para formar un cigoto diploide, esto es, una célula que contiene un doble número de cromosomas.

Así, las células somáticas del ser humano contienen 46 cromosomas, de los cuales cada célula germinal aporta la mitad.

Dentro de los eucariontes, requieren por su importancia una mención especial las denominadas "células madres".

Una célula madre es aquella que tiene la capacidad de autorrenovarse mediante mitosis o de continuar el proceso de diferenciación para el cual se encuentra programada, produciendo células para nuevos tejidos maduros y especializados.

El óvulo fecundado por un espermatozoide, denominado "cigoto", constituye el más claro ejemplo de una célula madre. El cigoto es totipotente, es decir, tiene la capacidad de producir todas las células del feto y la parte embrionaria de la placenta. A medida que el embrión se desarrolla, las células van perdiendo esta totipotencia, transformándose en células madres embrionarias, capaces de transformarse en cualquier parte del organismo.

En los individuos adultos, existen diversos tipos de células madres unipotentes, es decir, que solo pueden formar un determinado tipo de célula, como ocurre con las que regeneran las células de la piel o de la sangre.

c) Las arqueas

Las arqueas son organismos unicelulares que presentan muchas similitudes con los procariontes en su estructura y metabolismo, pero difieren de ellas en cuanto a la composición química de la membrana celular, que es única. Asimismo, sus procesos de transcripción y traducción genética son más similares a los de los eucariontes que al de los procariontes.

Las arqueas existen en todo tipo de hábitats y se calcula que representan un 20% de la biomasa. La característica más notable de ellas es su capacidad para habitar en ambientes extremos, en los que se pensaba que la vida no era posible.

Así, existen las que solo pueden vivir en medios que tengan una concentración de 12% a 32% de sal, las que requieren temperaturas entre 60 °C y 113 °C, las que viven en fuentes termales mediante la oxidación del azufre, las que se encuentran en escombreras de carbón encendidas y las que viven en ambientes anaeróbicos y producen metano, como las encontradas en muestras de hielo glacial de Groenlandia, a más de tres kilómetros de profundidad.

Pero ellas no solo proliferan en estos ambientes. Se ha comprobado su existencia en la mayor parte de los océanos del mundo, llegando en algunos lugares a representar hasta un 40% de la masa microbiana.

3 - Vida y organismos pluricelulares

Solo sabemos que la vida tuvo su comienzo hace alrededor de 4000 millones de años, cuando comenzaron a proliferar en la Tierra células limitadas por una membrana, que contenían

5000 proteínas en su interior, gobernadas por el ADN y utilizando el RNA como mensajero, es decir, las bacterias.

Además, la doble hélice de nuestro remoto antepasado, descubierta hace solo unas pocas décadas, se ha replicado con gran fidelidad hasta nuestro tiempo, demostrando no solo el origen común de todos los seres vivientes que existen en nuestro planeta, sino, además, la íntima y permanente interrelación que existe entre ellos.

Durante 3000 millones de años, las bacterias fueron los habitantes exclusivos de la Tierra y en ese larguísimo ciclo desarrollaron una actividad prodigiosa, que hizo posible la existencia de los actuales seres vivos.

Crecieron, consumieron energía y se alimentaron con compuestos de carbono, hidrógeno y nitrógeno, dividiéndose sin cesar, y creando así la biosfera que rodea la Tierra. Se expandieron primero en el agua, modificando el líquido y creando gases, y luego se extendieron a la superficie de los sedimentos.

La reproducción asexual de las bacterias no impidió el proceso de mutación entre ellas. Se estima que en una de cada millón de divisiones de una bacteria, el clon sufría una mutación respecto de su modelo de origen, la que podía hacerlo inviable causando su muerte u otorgarle ventajas de viabilidad respecto de su modelo, por lo cual continuaría reproduciéndose.

Hace unos 2000 millones de años, la Tierra experimentó un fenómeno que resultó esencial para la evolución de la vida. Las bacterias fotosintéticas encontraron en el agua el medio ideal para la captación de hidrógeno, pero tal proceso produjo como residuo tóxico el oxígeno, que resultó mortal para otras bacterias. A ello se agregó el hecho de que la necesidad que los seres vivos tenían de compuestos hidrocarbonados hubiera prácticamente agotado el dióxido de carbono de la atmósfera, compuesto esencial para la existencia de otras bacterias.

No obstante, el fenómeno descrito fue el que condujo a la existencia de nuestro actual medioambiente y, con ello, a nuevas formas de vida.

En todo caso, surgieron nuevas bacterias resistentes al oxígeno y otras trasladaron su hábitat a lugares anaeróbicos.

La aparición de la respiración aeróbica, basada en la utilización del oxígeno, dio lugar, hace unos 1000 millones de años, al surgimiento de una nueva forma de vida unicelular: los eucariontes.

A su mayor complejidad estructural y funcional en relación con los procariontes, los eucariontes agregaron otra característica fundamental para su evolución: la movilidad.

Esta característica, aparte de facilitar la alimentación y la protección, fue un factor esencial en el desarrollo de la comunicación microbiana, el trasiego de células y la simbiosis, en general.

Excedería el propósito de este silabario desarrollar en forma más o menos detallada las diversas etapas del surgimiento de los organismos pluricelulares, un extraordinario proceso simbiótico realizado a través de miles de millones de años, que fue producto de una estrecha colaboración de todo el mundo viviente que evolucionaba en armonía sobre la Tierra.

Por ello, nos limitaremos a enumerar, en apretada síntesis, sus etapas, siguiendo a los profesores Margulis y Sagan:

a. Eón hadeense. Hace 4000 millones de años, surge el microcosmos.
b. Eón arqueense. Hace 3000 millones de años, los microbios que se desarrollan atrapan minerales y forman capas rocosas en los océanos de aguas poco profundas.
c. Eón proterozoico (principio). Hace 2000 millones de años, el peligroso oxígeno se acumula en la atmósfera como resultado de la fotosíntesis bacteriana.
d. Eón proterozoico. Hace 1300 millones de años, las bacterias se unen y se esparcen hacia tierra como organismos compuestos.

e. Eón proterozoico. Hace 800 millones de años, los colectivos del microcosmos originan los precursores de plantas y animales.

f. Eón proterozoico (finales). Hace 700 millones de años animales marinos de cuerpo blando invaden el imperio de los microorganismos.

g. Era paleozoica (principios). Hace 500 millones de años, los animales desarrollan partes duras a partir de depósitos de desechos celulares.

h. Era paleozoica (finales). Hace 300 millones de años, los microorganismos alcanzan tierra firme en los intestinos de los animales que se desplazan.

i. Era mesozoica (principios). Hace 200 millones de años, se originan los primeros mamíferos y los reptiles ocupan los mares y el cielo.

j. Era mesozoica (finales). Hace 70 millones de años, el microcosmos se expande: reptiles gigantes, grandes bosques y acantilados calizos hechos de cubiertas microbianas.

k. Era cenozoica (principios). Hace 50 millones de años, equipos de mamíferos y microorganismos avanzan hacia los polos, trepan los árboles y escalan las altas montañas.

l. Era cenozoica (finales). Hace 3 millones de años, los hombres-mono, cuyo sistema nervioso deriva de multitudes de bacterias, utilizan herramientas.

Es útil recordar que el cuerpo humano se compone de 1000 billones de células eucariontes y de 100000 billones de células procariontes.

Sería inadmisible ignorar aquí la extraordinaria perspicacia de Charles Darwin, quien, setenta años antes de su comprobación científica, escribió: "No podemos desentrañar la maravillosa complejidad de un ser vivo; pero en la hipótesis que hemos avanzado, esta complejidad se ve aumentada Todo ser vivo debe ser contemplado como un microcosmos, un pequeño universo formado por una multitud de organismos inconcebiblemente diminutos, con capacidad para propagarse ellos mismos, tan numerosos como las estrellas en el cielo".

Ese nexo físico fue comprobado recién en 1953 por los científicos Watson y Crick, quienes desentrañaron la naturaleza de la información genética que hace que se construyan los seres vivos: la molécula de ADN.

En cada sección de esta molécula, hay cuatro elementos que varían en su combinación: adenina, citosina, timina y guanina, de tal manera que ellos contienen toda la información genética. Se puede decir que constituyen un verdadero alfabeto genético.

Las investigaciones posteriores destinadas a determinar cómo funciona y para qué sirve el ADN, han llevado a la conclusión de que todos los seres vivientes están construidos por moléculas denominadas "proteínas", las que se forman mediante la combinación de veinte aminoácidos, de tal modo que una proteína se diferencia de la otra porque tiene una secuencia distinta de esos veinte aminoácidos.

Cada una de esas proteínas está codificada en el ADN, de tal manera que este envía un mensaje al núcleo de la célula, el que sintetiza la proteína de acuerdo con la secuencia ordenada por el mensaje.

En consecuencia, opera un mecanismo de traducción del alfabeto de cuatro letras, anteriormente referido, al alfabeto de veinte letras de los aminoácidos.

Hacia 1970, la biología molecular había identificado la naturaleza de la información genética, el código genético, la manufactura de las proteínas, el intercambio energético y las vías metabólicas principales.

Sin embargo, quedaba aún por descubrir de qué manera se realizaba el control genético de la construcción de un organismo vivo en las tres dimensiones del espacio. En palabras simples: ¿cómo saben las células de los ojos, de los oídos o del riñón el lugar en que deben ser ubicadas?

La respuesta a este interrogante fue encontrada por medio de las investigaciones realizadas con la mosca denominada *Drosophila melanogaster*, organismo pequeño con un millón de células, aproximadamente, cuyo genoma se encuentra completamente secuenciado.

Al estudiar los componentes genéticos de la mosca, se detectó la existencia de nueve genes de alto rango, que se denominaron Hox, que se encargan de dividir a la mosca en trozos y localizar los órganos en cada uno ellos.

Una vez comprobada la existencia del Complejo Hox en la *Drosophila melanogaster*, se investigó su existencia en otras especies, incluyendo los humanos, y se llegó a la conclusión de que dicho complejo es una maquinaria universal de todo el reino animal para distinguir las diversas partes del cuerpo de estos seres vivientes.

Esta conclusión ha permitido llegar a la comprobación experimental del origen único de todas las especies. En efecto, a partir de una mosca normal es posible obtener una mosca mutante sin alas. Si a la mosca mutante se le introduce el gen que le falta, se obtiene una nueva mosca con alas. Ahora bien, el gen que se introduce a la mosca mutante puede no provenir de otra mosca, sino ser un gen homólogo humano según la secuencia, y la nueva mosca tendrá alas.

Ocurre, entonces, que un gen humano es capaz de ponerle alas a una mosca porque así lo permite la similitud genética.

Es posible, en consecuencia, afirmar con evidencia científica que todas las especies comparten el mismo origen evolutivo, el mismo mecanismo de almacenamiento y de liberación de información genética y el mismo mecanismo de diseño tridimensional.

Segunda parte
La manada humana

Capítulo I
El surgimiento de la manada humana

Las dos especies de animales que se encuentran en la línea divisoria entre el hombre y el mono son los *Australopithecus* y los *Homos*, las que surgieron hace unos dos millones de años, habiéndose ubicado huellas de la existencia de la primera de ellas con una antigüedad de alrededor de quinientos mil años.

En cuanto a los *Homos*, de ellos se han identificado tres especies prehistóricas: el *Homo erectus*, probablemente el primero que utilizó el fuego; el *Homo habilis*, que inició la fabricación de herramientas de piedra, y el *Homo sapiens*.

Del *Homo sapiens* existieron al menos dos especies: el *Homo sapiens neanderthalensis* y el *Homo sapiens sapiens*.

Solo esta última especie, que surgió hace unos cincuenta mil años, subsiste hasta hoy, y a ella pertenece el ser humano actual.

¿Cuál fue la mutación genética que hizo del denominado *Homo sapiens sapiens* la especie más apta para sobrevivir respecto de sus pares en la Tierra?

Es esta una pregunta cuya respuesta no está hoy sujeta a dudas desde el punto de vista científico. El lento desarrollo de la posibilidad de comunicarse a través del uso del lenguaje, permitió la ampliación a niveles nunca antes existentes en una especie viviente de la capacidad intelectual del ser humano y el pasaje de la mera percepción sensorial de su medioambiente a su captación intelectual y al manejo abstracto de dichas captaciones. Con ello, la comunicación, la cooperación y la organización social interindividual y grupal alcanzaron un extraordinario grado de eficacia.

Intentemos situarnos por un momento en el escenario. No existe en él el dramatismo de las grandes catástrofes de la naturaleza. Ni la Tierra se estremece, ni surge el fuego rugiendo de sus entrañas, ni cae fuego del cielo. Solo hay silencio durante el lentísimo proceso de desarrollo de la manada humana, que llega a transformarse en el más exitoso organismo pluricelular creado por eucariontes y procariontes, que será por un tiempo un eficaz instrumento de supervivencia para dichos organismos unicelulares, pero una catástrofe para la supervivencia del medioambiente natural que hizo posible la existencia del *Homo sapiens sapiens*.

De allí evolucionó un puñado de seres humanos, solos y aterrados, que se internaron, lenta pero irrevocablemente, en la vaga conciencia de ser; pero, a la vez, sintiendo que el mundo material que les rodeaba era ajeno, amistoso y peligroso al mismo tiempo.

Se había iniciado el paulatino y largo proceso de la separación del ser humano de su medio natural. Se iría extinguiendo, respecto de él, el isomorfismo con la naturaleza.

No encontramos otro modo mejor para transmitir la intensidad, a la vez trágica y gloriosa, de este proceso que recurrir a las palabras de un gigante de la poesía, Federico García Lorca, en su ensayo *Arquitectura del cante jondo*.

"El cante jondo se acerca al trino de pájaro y a las músicas naturales del chopo y la ola: es simple a fuerza de vejez y estilización. Es pues, un rarísimo ejemplo de canto primitivo, el más viejo de toda Europa, donde la ruina histórica, el fragmento lítico comido por la arena aparecen vivos como en la primera mañana de su vida. El insigne Falla, que ha estudiado la cuestión atentamente, afirma que la "siguiriya" gitana es la canción tipo del grupo cante jondo, y declara rotundamente que es el único canto que en nuestro continente ha conservado en toda su pureza, tanto por su composición como por su estilo, las cualidades que lleva en sí el canto primitivo de los pueblos orientales. La "siguiriya" gitana comienza por un grito terrible. Un grito que divide el paisaje en dos hemisferios iguales: después la voz se detiene para dar paso a un silencio impresionante y medido. Un silencio en el cual fulgura el rostro de lirio caliente que ha dejado la voz por el cielo. Después comienza la melodía ondulante e inacabable en sentido distinto de Bach. La melodía infinita de Bach es redonda, la frase podría repetirse eternamente en un sentido circular; pero la melodía de la "siguiriya" se pierde en el sentido horizontal, se nos escapa de las manos y la vemos alejarse hacia un punto de aspiración común y pasión perfecta, donde el alma no logra desembarcar. Se trata de un canto netamente andaluz que existía en germen antes que los gitanos llegaran, como existía el arco de la herradura antes que los árabes lo utilizaran como forma característica de su arquitectura. Un canto que ya estaba levantado en Andalucía antes que Tartessos, amasado con la sangre del África del Norte y probablemente con vetas profundas de los desgarrados ritmos judíos, padres hoy de toda la gran música eslava. La coincidencia que el maestro Falla nota entre los elementos esenciales del cante jondo y los que aun acusan algunos cantos de la India son: el inarmonismo como medio modulante; el empleo del ámbito melódico, que rara vez traspasa los límites de una sexta, y el uso reiterado y hasta obsesionante de una misma nota, procedimiento propio de ciertas fórmulas de encantamiento y hasta de aquellos recitados que pudiéramos llamar "prehistóricos", lo que ha hecho suponer a muchos que el canto es anterior al lenguaje."

La mutación genética que se produjo hace unos cien mil años y que permitió a una especie de los homínidos desarrollar paulatinamente la capacidad de comunicación mediante el uso del lenguaje, y que culminó con la aparición del *Homo sapiens sapiens*, constituyó un verdadero cataclismo en su relación con la naturaleza.

Por primera vez, un ser viviente toma conciencia de la existencia de un mundo exterior a él y diverso de él, un mundo que, si bien en un sentido lo acoge y lo provee, en muchos otros lo ataca despiadadamente y es su enemigo.

El sentido de la alteridad respecto de la naturaleza adquirido por el ser humano lo hace tomar conciencia, por una parte, de su existencia personal como ente independiente, como un yo; y, por otra, preguntarse qué es él, qué es la naturaleza y cuál es la relación entre ambos.

Como expresa Robert Redfield, en su obra *El mundo primitivo y sus transformaciones*: "En las condiciones primarias de la humanidad, el hombre contemplaba un cosmos que participaba, a la vez, de las cualidades del hombre, la naturaleza y Dios. Aquello a lo que el hombre se enfrentaba no eran tres cosas distintas, sino más bien una sola cosa con aspectos a los que, a la luz de distinciones que se han tornado mucho más tajantes desde entonces, llamamos con estos tres términos."

Agrega Redfield: "En la concepción primaria del mundo, como la naturaleza no se entiende como algo tajantemente distinto del hombre, el verbo 'enfrentar' indica con exceso una separación que ni siquiera existe. Estando ya en la naturaleza, el hombre no puede enfrentársele exactamente. Ni el hombre primitivo, ni el hombre precivilizado se lanzaron a 'vigilar, dominar o explotar'. La actitud en que el hombre primitivo se enfrenta al no-hombre es descrita comúnmente como una actitud de aplacamiento, de petición, de coerción. ¿No podríamos decir, entonces, que en la concepción del mundo primario la actitud hacia el no-hombre tiene una cualidad de mutualidad? El deber sentido consiste en hacer lo que corresponde a uno para el mantenimiento de un todo, del cual el hombre es parte".

Pero, antes de continuar con el desarrollo de este tema, nos parece necesario detenernos a precisar los alcances del concepto "lenguaje".

Capítulo II
El lenguaje

Como bien expresó A. B. Johnson, en su obra *Treatise on Language*: "Nuestra incomprensión de la naturaleza del lenguaje ha ocasionado un desperdicio mayor de tiempo, esfuerzo y genio que todas las demás equivocaciones e ilusiones con que ha sido afligida la humanidad. Ha retardado enormemente nuestros conocimientos físicos de todas clases y ha viciado lo que no ha podido retardar".

Parece increíble que los diccionarios definan aún el lenguaje como "el conjunto de sonidos articulados con que el hombre manifiesta lo que siente o piensa" ––los más importantes lo hacen solo como primera acepción–– en circunstancias en las que esta es tan solo una función menor del lenguaje.

Hasta el siglo XX, las ciencias sociales no dispusieron de un armazón conceptual y metodológico suficientemente poderoso para abordar la labor de detectar el sistema subyacente tras la variedad de las manifestaciones culturales. Un hecho vino a alterar radicalmente este estado de cosas: el casi increíble desarrollo alcanzado por la lingüística, cuya repercusión en las restantes disciplinas sociales ha sido tan profunda, que ha llevado a la "revolución copernicana" de interpretar la sociedad en su conjunto en función de una teoría de la comunicación.

En el comienzo de esta revolución, es ineludible colocar el nombre de Ferdinand de Saussure quien, con su *Curso de Lingüística General*, sentó las bases de la lingüística estructural.

Hoy tanto los lingüistas como los antropólogos sociales están conscientes de que, como expresa C. Kluckhohn, en su obra *Antropología*:

"Todo idioma es algo más que un vehículo para cambiar ideas e información; algo más que un instrumento para expresarse uno mismo y para dejar escapar vapor sentimental o para hacer que otras personas hagan lo que deseamos. Cada lenguaje es también una manera especial de mirar el mundo y de interpretar la experiencia. Oculta en la estructura de cada lenguaje diferente hay toda una serie de suposiciones inconscientes sobre el mundo y la vida en él. El lingüista antropólogo ha llegado a darse cuenta de que las ideas generales que tenemos sobre lo que sucede en el mundo exterior a nosotros no nos "las proporcionan" por completo los acontecimientos externos. En su lugar, hasta cierto punto, vemos y oímos aquello a lo que el sistema gramatical de nuestro lenguaje nos ha hecho sensibles, nos ha enseñado a buscar en la experiencia. Esta refracción es tanto más insidiosa cuanto que nadie tiene conciencia de su lengua materna como un sistema. Para una persona a la que se ha enseñado a hablar un cierto idioma, este forma parte de la naturaleza misma de las cosas, permaneciendo siempre en la clase de fenómenos de trasfondo. Es tan natural que la experiencia se organice y se interprete en la clase de lenguaje definido como lo es que cambien las estaciones."

Kluckhohn completa su análisis con dos afirmaciones fundamentales: "Desde el punto de vista antropológico, hay tantos mundos diferentes sobre la Tierra como lenguajes". Y agrega: "Las imágenes conceptuales subyacentes a cada lenguaje tienden a constituir una filosofía coherente aunque inconsciente".
Por su parte, Edward Sapir expresa:

Los seres humanos no viven solo en el mundo objetivo, no están tampoco en el mundo de actividad social tal como se entiende de ordinario, sino que están muy a la merced del lenguaje particular que ha llegado a ser el medio de expresión para su sociedad. Es una ilusión imaginarse que nos adaptamos a la realidad esencialmente sin emplear el lenguaje y que el lenguaje es simplemente un medio accidental para resolver problemas concretos de comunicación o reflexión. La realidad es que el "mundo real" está en gran parte construido sobre los hábitos de lenguaje del grupo. Vemos y oímos y tenemos experiencia, en gran parte, como la tenemos porque los hábitos de lenguaje de nuestra comunidad predisponen a ciertas elecciones de interpretación.

Si consideramos que el ochenta por ciento de la población mundial es analfabeta o tiene una capacidad de lectura muy precaria y que en el veinte por ciento restante se sitúan desde aquellos que solo tienen acceso a la literatura basura ––tomado el concepto de "literatura" en el sentido genérico de lenguaje escrito––, constituida por diarios y revistas que solo se ocupan de farándula, deportes o delitos, hasta aquellos que solo manejan información escrita muy especializada, resulta evidente que las visiones del universo de las distintas manadas humanas solo les son proporcionadas por la acumulación inconsciente de conocimientos facilitados por el lenguaje utilizado por la específica cultura a la que ellas pertenecen.

Como consecuencia de ello, su capacidad de razonamiento y de acción es esclava de esa masa acumulativa de información que proviene desde tiempos ancestrales, en la que se mezclan mitos, temores irracionales, supersticiones, creencias religiosas, supuestas conclusiones científicas que se popularizan como verdades absolutas y se aceptan sin examen crítico.

¿De qué otra forma podemos explicarnos esas masas humanas variopintas, en que se combinan desde analfabetos hasta lo que el grupo considera como "intelectuales", en las que centenas de miles de personas marchan en jornadas agotadoras a visitar santuarios para pedir o agradecer resultados milagrosos que se atribuyen a individuos fallecidos, que estarían revestidos de poderes sobrenaturales?

¿Qué otra explicación tiene la actitud de tocar madera para evitar la mala suerte o de arrastrarse por el suelo para implorar la ayuda de los dioses?

Pero no es solo a nivel del hombre ignorante que se produce este fenómeno de la esclavitud del ser humano sobre la visión inconsciente del mundo que le impregna la cultura en que está inmerso. Tenemos un excepcional ejemplo de ello en el caso de Charles Darwin.

Luego de su visita, muy breve y limitada en sus contactos reales, a la Tierra del Fuego, escribió: "El asombro que experimenté al ver por primera vez una partida de pobladores de la Tierra del Fuego en una costa salvaje y quebrada, jamás será olvidado por mí, por la reflexión que en seguida se produjo en mi mente: 'Así fueron nuestros antepasados'. Aquellos hombre estaban absolutamente desnudos y pintarrajeados; sus largos cabellos se hallaban enmarañados, sus bocas echaban espuma por la excitación, y su expresión era de barbarie, miedo y desconfianza. A duras penas poseían algunas artes y, como animales salvajes, vivían de lo que podían capturar; no tenían gobierno y eran despiadados con cualquiera que no perteneciese a su pequeña tribu".

Y agrega: "Salvaje que goza con torturar a sus enemigos, ofrece sangrientos sacrificios, practica el infanticidio sin remordimiento alguno, trata a sus mujeres como esclavas, no conoce la decencia y es víctima de las más groseras supersticiones".

Sin embargo, estas descripciones, que hoy sabemos que son en su mayoría falsas, resultan apenas un pálido símil de las conductas reales de los europeos en la colonización de África y la Amazonia, que constituyen un vomitivo cuadro de las más crueles e inhumanas actuaciones que pueden realizar los seres humanos, que ocurrían en la misma época en que Darwin realizaba su viaje.

Magistrales descripciones de estos obscuros episodios de la historia humana encontramos en las obras: *El corazón de las tinieblas*, de Joseph Conrad, y *El sueño del celta*, de Mario Vargas Llosa, en la que este recoge la historia y las memorias de Roger Casement.

Finalmente, es necesario recordar, además, que esa filosofía inconsciente que encontramos en las imágenes conceptuales que subyacen al lenguaje es un proceso acumulativo que está permanentemente alimentándose de nuevas informaciones.

Pues bien, en nuestro mundo actual, el lenguaje auditivo está enfrentando formidables y peligrosos competidores que son el lenguaje audiovisual y los sistemas computacionales de comunicación.

Ambos sistemas tienen tal poder de penetración en el intelecto humano que no es difícil vaticinar que puedan introducir acelerados cambios en el inconsciente colectivo, arrastrando a las manadas humanas a visiones del universo cada vez más alejadas de lo que fue su hábitat natural real, del cual depende, a despecho de delirios esquizofrénicos, su futuro como especie.

Capítulo III
El precio del lenguaje

La maravillosa conquista que significó para la especie *homo* el surgimiento del lenguaje, el que permitió la evolución de esta al *Homo sapiens sapiens*, tuvo como contrapartida un altísimo costo para esta última especie, el que ya había sido anticipado por la aguda mente científica de Franz Boas.

Para explicar este costo resulta necesario un elevado nivel de especialización, razón por la cual, en lo que resta de este capítulo, nos referiremos a los conceptos del doctor T. J. Crow, profesor del Departamento de Psiquiatría de la Universidad de Oxford.

"a - Universalidad de la esquizofrenia

El hecho debería ser considerado en relación a lo que es conocido de la epidemiología de la psicosis. Kraepelin viajó a Java y consideró que la forma de psicosis, enfermedad que él vio, era la misma que él había descrito en su población de pacientes en Alemania. De investigaciones entre los *yoruba* de Nigeria y los *eskimo inuit*, Murphy concluyó que el fenómeno de la psicosis era socialmente independiente de la estructura social o de la población. Aspectos típicos de la esquizofrenia (por ejemplo, el síntoma nuclear) están bien documentados en la población aborigen australiana y en los bantúes de Afrecha, pueblos que han estado separados por 50 000 años y, recientemente, han sido descritos en las tribus del centro de Borneo. Sobre la base de la más sistemática comparación del cruce cultural hasta ahora realizada, Jablensky concluye que: "Las enfermedades esquizo-frénicas son ubicuas, aparecen con una incidencia similar en las diferentes culturas y tienen aspectos que son más destacables por su similitud a través de las culturas que por su diferencia".

La evidencia lleva a la singular conclusión de que, contraria-mente a cualquier otra causa común, la incidencia de la esqui-zofrenia es independiente del medioambiente y una característica de la población humana. Tal vez, es la condición humana.

b - EL ORIGEN DE LA VARIACIÓN GENÉTICA

Si el origen es genético, como en cierto sentido parece que debe serlo, surge la cuestión de cuándo apareció la variación. Si el sín-toma está ahora presente en poblaciones que han estado separa-das por 50 000 años, parece que el origen de la variación, o el mecanismo por el cual fue generada, debe haber precedido a la separación de dichas poblaciones... El origen debe ser anterior o coincidente con el cambio genético que precedió a la diáspora del moderno *Homo sapiens* a través de la superficie del globo.

De acuerdo con la congruencia de las evidencias genéticas y paleontológicas, la transición desde una especie de homínido temprano tuvo lugar en cierto punto del este de África en algún tiempo entre 100 000 y 150 000 años atrás. El cambio genético es de gran interés intrínseco, ya que, de alguna manera, explica el extraordinario éxito biológico de la especie, el incremento del tamaño de su población, su esparcimiento por diversos nichos ecológicos y su habilidad para transformar el medioambiente de una forma que ninguna otra especie vertebrada había alcanzado.

¿Qué efectos psicosociológicos produjo este éxito? La lista de ellos, especificados por Bickerton, es similar a los enumera-dos por Kuttner; esto es, capacidad para interacciones sociales complejas, inteligencia y lenguaje, con la posible adición de conciencia. *De esta lista, el lenguaje aparece como el más rele-*

*vante psicológicamente y el que puede ser más fácilmente enten-
dido en términos de función neurológica.*

C - LATERALIZACIÓN COMO CAMBIO CRÍTICO

Solo un cambio ha sido sugerido como plausible, posibilidad
conocida desde que Dax y, después, Broca descubrieron que
ciertos componentes del lenguaje estaban confinados a un
hemisferio. ¿Cuál fue este componente y cuáles fueron las
consecuencias del proceso de lateralización? En las respuestas
a esta pregunta se encuentra la solución a las bases neurológi-
cas del lenguaje y, de acuerdo con la presente tesis, la comprensión del origen de la psicosis.

Crichton-Browne fue uno de los primeros en interpretar los
descubrimientos a la luz de la teoría de la evolución, y él también
pensó que debía ser relevante para la enfermedad mental, supo-
niendo que "las regiones del cerebro que son más tardíamente
involucradas y que están localizadas en el lado izquierdo del
cerebro deben sufrir primero la enfermedad". Eberstaller y Cun-
ningham describieron las asimetrías anatómicas ––la extensión
de la fisura de Sylvian era más larga a la izquierda en la mayoría
de los individuos–– y sus efectos en la superficie del cerebro.

D - CONCLUSIONES

*La paradoja central de la esquizofrenia puede ser resuelta con la
conclusión de que la predisposición a la esquizofrenia es parte de
una variación que cruza a la población como un todo, esto es,
el* Homo sapiens *específico, y está asociada con la capacidad de
lenguaje que define la especie."*

Podemos sostener, en síntesis, que el profesor T. J. Crow ha
resuelto una paradoja central en el tema del origen de la especie,
demostrando que la esquizofrenia es el precio que el *Homo sapiens
sapiens* ha debido pagar por su capacidad de utilizar el lenguaje.

Capítulo IV
La esquizofrenia

En la excepcional investigación colectiva realizada por los profesores Aaron T. Beck, Neil A. Rector, Neal Stolar y Paul Grant, que se concretó en la obra *Esquizofrenia. Teoría cognitiva, investigación y terapia*, encontramos las siguientes explicaciones:

"Dimensiones sintomáticas características

Tal como hemos visto, la esquizofrenia tiene una presentación sintomática diversa, de ahí que uno de los objetivos más importantes de las investigaciones haya sido el de determinar si los síntomas tienden a agruparse de una manera determinada. Si por ejemplo, las alucinaciones y los delirios tienden a manifestarse de manera simultánea, esto podría dar a entender que hay subyacente una patología neurobiológica común. A raíz de los estudios de análisis factorial realizados en varias culturas, se ha llegado a un consenso en lo que respecta a los síntomas de la esquizofrenia, que se dividirían, como mínimo, en tres dimensiones: 1) síntomas psicóticos (alucinaciones y delirios); 2) síntomas de desorganización (conducta extraña y trastorno formal del pensamiento positivo); 3) síntomas negativos (aplanamiento afectivo, alogia, abulia y anhedonia)."

LOS DELIRIOS

Los delirios, como características definitorias de la esquizofrenia, son creencias que producen un considerable malestar emocional (distrés) y una notable disfunción en la conducta de los individuos con esquizofrenia, y suelen derivar en la hospitalización del individuo. Entre los factores que distinguen los delirios de las creencias no disfuncionales, se cuentan el grado en que la creencia controla el flujo de la conciencia de la persona a cada instante (penetración), el grado en que el paciente está seguro de que la creencia es cierta (convicción), la relevancia de esa creencia en el sistema de creencias del paciente (importancia) y lo insensible que sea tal creencia a la lógica, a la razón y a la prueba contraria (inflexibilidad, autoconvencimiento). En el capítulo III, presentamos un modelo cognitivo de los delirios, formulado en el marco de un análisis fenomenológico de las características y desarrollo de los delirios. Los rasgos cardinales de dicho modelo son los sesgos en el procesamiento de la información (como por ejemplo, el egocentrismo, el sesgo externalizador, el mal examen de la realidad) y los sistemas de creencias previos (por ejemplo, un yo débil mientras que los otros son considerados los fuertes) que, al actuar de manera conjunta, pueden aumenta la vulnerabilidad psicológica, provocando el desarrollo de la paranoia y los delirios persecutorios y de grandeza, así como los delirios consistentes en creer que se está sometido a control.

EL PENSAMIENTO SESGADO

Proponemos, en primer lugar, que el procesamiento deformado de la información desempeña un papel central en el pensamiento delirante, y que esta deformación está impulsada por un sistema de creencias disfuncionales que se sustentan sobre diversos sesgos y conductas.

La profunda *orientación egocéntrica* se adelanta al procesamiento normal de la información, privilegiando las atribuciones autorreferenciales de sucesos irrelevantes. Este *sesgo autorreferencial* refleja la visión subyacente que tienen los pacientes de sí mismos como seres situados en el centro de su entorno social. En función del contexto de esta orientación autocentrada, estos pacientes se perciben a sí mismos de manera irreal, pues creen ser el centro de atención de las demás personas (sean humanas o sobrenaturales) y objeto de su malevolencia, de su intrusión o de su benevolencia. Pero, al mismo tiempo, se perciben a sí mismos como seres vulnerables o superiores, como débiles u omnipotentes. Los pacientes también asignan un significado personal a los hechos impersonales o irrelevantes, aprovechando hechos causales y coincidencias para detectar señales de la intervención intencionada de entidades externas.

Un sesgo relacionado muy estrechamente con el anterior, y particularmente potente, es la atribución de una causación externa a sus experiencias subjetivas. En función de la naturaleza de la creencia delirante, los pacientes atribuyen determinadas experiencias físicas, mentales o emocionales a la manipulación o intrusión de otras entidades animadas o inanimadas. Explican las sensaciones somáticas desagradables, la ansiedad, la disforia o los pensamientos intrusivos como causados por la acción de estos agentes. El rasgo central del pensamiento sesgado es la atribución indiscriminada de *intenciones positivas o negativas* a otras personas. La causación externa, autorreferencial, y los sesgos de intencionalidad forman en su conjunto una visión del mundo que, para los pacientes, supone representaciones internas del tipo "ellos contra mí".

LOS ERRORES

Las funciones cognitivas en los diversos niveles del procesamiento de la información delirante están sesgadas de tal modo que conducen a errores que culminan en valoraciones de la experiencia distorsionadas, no realistas y contraproducentes. Si bien las evaluaciones sesgadas pueden tener un carácter adaptativo como respuesta a determinadas situaciones de la vida, tales como las amenazas de oír parte de un enemigo real, es evidente que son disfuncionales cuando ocurren en delirios que, en esencia, están creando una pseudoamenaza. Estas interpretaciones concretas de una situación no solo no son realistas, sino que conducen a un malestar emocional excesivo y a la conducta inadaptada.

Los sesgos cognitivos que resultan de esta orientación patógena aportan el contenido de las inferencias y las conclusiones delirantes y conducen, inevitablemente, a diversos errores del procesamiento de la información. Los errores cognitivos, tales como la *abstracción selectiva,* los *juicios extremistas y* las *generalizaciones excesivas* destacan especialmente en el pensamiento delirante. La asimilación sesgada de datos (abstracción selectiva) resulta especialmente destacada como consecuencia del foco de atención excesivo del paciente en determinados estímulos internos y externos. La pérdida de contexto, típica del pensamiento delirante puede deberse, en parte, a este enfoque exclusivo y selectivo. El procesamiento de los datos seleccionados se distorsiona más aún por los *sesgos inferenciales* (por ejemplo, percibir relaciones entre hechos no relevantes), el *catastrofismo* y la realización de *juicios absolutos.* Entre otros mecanismos mentales relacionados con la formación de las interpretaciones delirantes, se cuenta la *recogida inadecuada de datos* (no examinar suficientemente los datos disponibles) y favorecer desproporcionadamente las interpretaciones fáciles (que se ajustan a los delirios), prefiriéndolas a los juicios más complejos, pero correctos. Los pacientes tienen también *dificultad para inhibir* las respuestas automáticas fáciles (pero incorrectas) y, en consecuencia, son más propensos a aceptarlas sin reflexión.

LAS ALUCINACIONES

Las alucinaciones, que normalmente se definen como experiencias perceptivas en ausencia de estímulos externos, se pueden producir en cualquier modalidad sensorial. Las alucinaciones se producen en estado de vigilia y son involuntarias. La experiencia de la alucinación no es necesariamente patológica, pues son las creencias sobre su origen (por ejemplo, nuestra propia mente o un chip informático) las que distinguen lo "normal" de lo anormal. Las alucinaciones auditivas son la modalidad con mayor relevancia diagnóstica y, en consecuencia, han sido objeto de muchas teorías y estudios. En el capítulo IV, presentamos un marco cognitivo que explica las cuestiones más arduas sobre las alucinaciones auditivas: ¿cómo llega el alucinador a oír sus propios pensamientos con una voz distinta de la suya propia? ¿Por qué es principalmente negativo el contenido de las alucinaciones? ¿Por qué tienden los pacientes a atribuir las alucinaciones a una fuente externa? Apoyándose en concepciones biológicas, el modelo cognitivo caracteriza a los pacientes propensos a la alucinación como personas susceptibles de sentir experiencias auditivas involuntarias cuando se enfrentan al aislamiento, la fatiga o el estrés. Entre los candidatos de primer orden a este proceso de percepción, destacan las cogniciones cargadas de emoción, o "calientes", tales como los pensamientos negativos automáticos (por ejemplo: "soy un fracasado"). Proponemos, además, que los sesgos en el procesamiento de la información, sobre todo la propensión a la externalización, conducen al desarrollo de creencias disfuncionales acerca de la experiencia de las "voces", que refuerzan la sensación de que tienen un origen externo. La creencia de los pacientes de que las "voces" son omnipotentes, incontrolables y generadas externamente impulsan tanto el malestar emocional como sus propias estrategias para aplacarlo. Así, pues, las creencias disfuncionales combinadas con un mal afrontamiento hacen que las alucinaciones auditivas se mantengan.

Capítulo V
Evolución del comportamiento
de la manada humana

1 - Sucesión de etapas en la concepción del mundo

Creemos necesario, en primer lugar, dejar establecido que la expresión "concepción del mundo" la utilizamos en el sentido de la forma en que un pueblo se representa característicamente al universo, incluyendo su conjunto de ideas, instituciones y actividades.

Asimismo, hemos utilizado la expresión "sucesión de etapas", y no "evolución", porque este último concepto implica, en su uso habitual, la idea de avance, de mejoramiento o de progreso, lo que constituiría una hipótesis de difícil verificación en el caso del comportamiento de las manadas humanas.

Finalmente, usamos la palabra "etapas" sin que ello implique la idea de que cada período significó la eliminación de la concepción del mundo del período anterior.

Es un hecho indiscutido e indiscutible que, en las agrupaciones humanas, la cultura, aquella parte del ambiente hecha por el hombre, es, para cada individuo y para la sociedad en su conjunto, una gigantesca acumulación, paulatina y principalmente inconsciente, de percepciones, ideas, emociones, delirios, alucinaciones y prácticas, que se asemeja más a un bricolaje que a una conceptualización racional.

En una sociedad occidental como la nuestra, en que el ochenta por ciento de la población es analfabeta o semianalfabeta, es irracional pensar que su concepción del mundo coincide con las de Dante, Descartes, Kant o Einstein. Ella es solo una acumulación inconsciente de residuos que llegan desde los albores de la humanidad.

Hay coincidencia en los estudios antropológicos en cuanto a que, en las etapas primarias de la humanidad, los seres humanos enfrentaban un universo que participaba, a la vez, de las cualidades de la naturaleza, el hombre y Dios.

Tal vez la palabra "enfrentar" no sea la más correcta, ya que en la mente del hombre primitivo no existía una separación entre estas entidades. Ellas constituían un todo del que formaban parte, y su deber era actuar de la manera más conveniente para la preservación de todo.

En las sociedades originarias, todo existía para ser mantenido. La conservación del universo era la tarea común de sus tres elementos y por eso mismo todo era sagrado. La existencia humana era un gran rito y, en ese sentido, parece posible atribuirle, en nuestro lenguaje, un sentido moral.

El "giro copernicano" de tal situación es consecuencia de hechos, cuya prioridad en el tiempo se seguirá discutiendo indefinidamente: por una parte, el cultivo de la tierra y la crianza de animales y, por otra, la creación de ciudades.

Como expresa Robert Redfield:

"La 'hechura del hombre' de que se ocupa Childe, no está planeada; es ese hacer al hombre en el que se prepara un futuro que los hombres no prevén, ni luchan por hacer que llegue. No se buscaron consecuencias de la agricultura y de la construcción de ciudades; simplemente, ocurrieron. Las instituciones en que la civilización se fundó, como dice Sumner, crecieron, no se promulgaron. En la temprana y mucho más prolongada parte de su historia, el hombre no se vio a sí mismo como el hacedor de su mundo futuro o de sí mismo".

Estas nuevas maneras de agruparse de los seres humanos produjeron paulatinamente varios efectos fundamentales en la existencia social e individual. Desde luego, el suministro de alimentos y útiles se hizo más estable. Se incrementó y se volvió más permanente la posibilidad de socialización. Surgió la división del trabajo, ya que no todo el grupo tuvo por tarea fundamental procurarse alimentos y, con ella, los especialistas. Se estimuló un creciente desarrollo de la capacidad de la mente humana y, por último, emergió la posibilidad del ocio y, con él, la oportunidad de que algunos miembros del grupo se dedicaran a la tarea de pensar el universo en que vivían.

Este último factor, al parecer tan inocente, fue, sin embargo, el detonante de la tragedia humana. La aparición del lenguaje comenzó a cobrar su precio y desató la esquizofrenia del pensador ocioso, que comenzó expresándose con la ruptura de la trilogía naturaleza, Dios y ser humano.

Podríamos decir que entre ellos se desató una verdadera lucha de poderes, en la que la víctima propiciatoria ha sido la naturaleza y los contendientes principales Dios y el hombre. En esta batalla, la naturaleza terminó por ser cosificada. En cuanto a Dios y al hombre, el combate entre ellos, que no tiene ni tendrá fin, es parte inevitable de los delirios y las alucinaciones esquizofrénicas del ser humano, sin correspondencia alguna con la realidad. Por ello es posible afirmar que todas las concepciones del universo hasta ahora conocidas tienen una clara raigambre teológica.

Veamos ahora en qué medida tales síntomas constituyen una constante en agrupaciones humanas separadas por grandes distancias en el espacio y en el tiempo.

La tradición hindú señala que fue en estado de meditación profunda que los antiguos sabios *rishis* tuvieron la revelación de la naturaleza del ser, de la realidad y de sí mismos. Esa revelación se denominó "dárshana", que significa visión, la que dio origen a los textos sagrados, los Vedas y las Upanishads, que constituyen las escrituras reveladas que sirven de base a la religión.

Según la tradición hindú, las enseñanzas contenidas en estos libros permiten alcanzar la visión originaria del ser y la iluminación o liberación total.

Para la religión hindú, complejísima en la estructura de sus conceptos y poblada de una enorme cantidad de dioses, parece ser fundamental el reconocimiento de que la existencia del universo es un hecho secundario y derivado respecto de la existencia de la mente.

Por su parte, el budismo, que no es una religión teísta, es decir que no discurre sobre la existencia de un dios creador y absoluto, se basa en la idea de la transitoriedad de la existencia, la que se manifiesta en el ciclo nacimiento, renacimiento, envejecimiento y muerte. No existiendo en ella nada permanente, aferrarse a la vida es un esfuerzo que solo puede llevar al sufrimiento.

El camino medio, evitar los extremos y realizar los esfuerzos necesarios para alcanzar el despertar, es decir, el nirvana, es la única forma de lograr la única realidad no sujeta a transitoriedad, que no reconoce cambio, decadencia ni muerte.

En cuanto a los griegos, afortunadamente, tenemos acceso directo a su pensamiento, lo que nos permite recogerlo en sus propias palabras.

Queremos destacar, de partida, que es Grecia donde encontramos el primer intento intelectual de sentar las bases de una organización social sobre principios elaborados exclusivamente a partir del razonamiento humano. Nos referimos, obviamente, a *La república*, de Platón.

Advertimos, sin embargo, que no es nuestro propósito desarrollar aquí el pensamiento filosófico griego, ni destacar el inmenso aporte intelectual que significó su descubrimiento del papel de la razón en el desarrollo del conocimiento humano y las instituciones de la sociedad.

Lo que aquí nos interesa es hacer notar cómo dicha fría construcción intelectual marchó de la mano con indiscutibles delirios y alucinaciones esquizofrénicas.

Homero, en su *Himno a Demeter*, expresa: "Y mostró los ritos orgiásticos a todos... los ritos sacros que no se pueden transgredir ni aprender, ni siquiera proferir, porque un gran respeto hacia los dioses entrecorta la voz. Dichoso, entre los habitantes de la Tierra, el que ha visto estas cosas (¿esquizofrénico?); pero el no iniciado en los ritos sacros, el que no ha tenido esta suerte, no tendrá igual destino, una vez muerto, en las húmedas y mohosas tinieblas inferiores".

Píndaro nos dice: "Dichoso el que entre bajo la tierra, después de haber visto estas cosas, conoce el fin de la vida y conoce el principio, el que le dio Zeus".

Platón señala, en *El banquete*: "Ese total, llegado a término de la disciplina amorosa percibirá de repente algo muy bello, de carácter maravilloso; precisamente, querido Sócrates, aquello por lo que cobran sentido los sufrimientos precedentes... Es más, esa belleza no se le manifestará con la figura de un rostro, ni como un discurso o un conocimiento... sino en sí misma y consigo misma, simple y eterna (¿delirio?)".

Luego argumenta en *Fedro*: "Pues bien, un hombre que use correctamente tales capacidades rememorativas, y que no deje de iniciarse en los misterios más sublimes, es el único verdaderamente perfecto. El caso es que, por apartarse de las preocupaciones humanas y prestar atención a lo divino, la mayoría lo tendrá por un insensato (¿esquizofrénico?), pero esa mayoría no se da cuenta de que está poseído por un dios".

Aristóteles expresa en *Eudemo*: "Y la intuición de lo cognoscible de lo simple y de lo sagrado, que atraviesa el alma como el brillo de un relámpago, permitió en un cierto momento el contacto y la contemplación, aunque no fuera más que una sola vez. Por eso Platón y Aristóteles llaman 'epóptica' a esta parte de la filosofía, en cuanto a que aquellos... que han tocado directamente la verdad, la verdad pura en relación con ese objeto creen haber llegado al término de la filosofía, como en una iniciación (¿delirio?)".

Agrega en *Sobre la filosofía*: "(…) lo que pertenece a la enseñanza y lo que se refiere a la iniciación. Porque lo primero se hace presente al hombre a través del oído, pero lo segundo cuando la mente experimenta una súbita iluminación (¿delirio?); eso lo llamó Aristóteles "mistérico" y semejante a las iniciaciones del Eleusis".

Al pensamiento griego sucede la concepción judeocristiana del universo, cuya percepción efectúa Robert Redfield en los siguientes términos: "El logro radical de los hebreos, al poner a Dios totalmente fuera del universo físico y al vincular todo a Dios, es reconocido como una realización inmensa y única".

Si bien es cierto que en la filosofía griega ya encontrábamos atisbos de la exclusión de la naturaleza de la trilogía hombre-Dios-naturaleza, en el pensamiento judeocristiano esta separación se hace radical.

Lo esencial es un dios todopoderoso y omnipresente, creador del universo y del hombre, cuyo destino queda sujeto a la voluntad divina, según su nivel de obediencia a la voluntad de su creador.

La naturaleza queda aislada y cosificada. ¿Con qué fin?

Aquí entra de nuevo en juego el delirio esquizofrénico de la mente humana. Ocurre que Dios tuvo la gentil idea de hacer al hombre "a su imagen y semejanza". De entre las miles de millones de galaxias que existen en el universo, de entre los miles de millones de estrellas, como nuestro Sol, que existen en cada galaxia y entre los miles de millones de planetas que giran en torno a las estrellas, Dios eligió al planeta Tierra y, en este, a la especie *homo*, para hacer de él un ser a su imagen y semejanza. ¿Fue una decisión al azar? ¡Qué suerte tenemos en tal caso! ¿O fue un acto deliberado de la divinidad? En este caso su decisión resulta realmente incomprensible dadas las características del ser elegido.

Pero no solo eso. No bastó con que Dios hiciera al hombre a su imagen y semejanza, además le entregó la Tierra para que se "enseñoreara sobre ella", es decir, para que hiciera uso a su antojo de todo lo que en ella existía.

Es, a lo menos, curioso descubrir que Dios, con su sabiduría infinita, no tuviera conciencia de la importancia de la preservación del medioambiente para la supervivencia en el tiempo de su propia creación.

Quedaba, finalmente, destruido ese mundo armónico en que la naturaleza, Dios y el hombre eran un todo isomórfico, cuya unidad hacía posible el desarrollo del universo.

Aparece, luego, Cristo. El ser humano más gigante y admirable que ha producido la especie. El hombre que, en un mundo que fue, es y será tierra de pastoreo de los ricos y poderosos, alza su voz en defensa de los desamparados y les ofrece un estilo de vida que, basado en el amor a Dios y al prójimo, hace tolerable la existencia terrena y les abre la posibilidad de una felicidad eterna hacia el futuro. El precio de su lucha es la vida y la entrega por ella.

La Iglesia católica que le sobrevive burocratiza el cielo y la tierra. Hace de Jehová una trilogía: Padre, Hijo y Espíritu Santo. Llena el cielo de funcionarios clasificados en estricto orden jerárquico: arcángeles, ángeles, querubines, entre otros, y les entrega labores determinadas por su especialidad, en lo cual hay una clara relación con las mitologías tradicionales.

Hace otro tanto con la organización de la Iglesia católica en la Tierra. Crea, también, un sistema jerárquico, en el cual es patente su admiración por la monarquía, cosa difícil de imaginar en la mente de Jesús, y distribuye a sus representantes y admiradores por el mundo.

Además, consciente de que el ser humano es politeísta por naturaleza, puebla el cielo de innumerables santos, de tal manera que los fieles puedan disponer de semidioses a su elección, que les sirvan de intermediarios para la obtención de la protección divina.

En el siglo XIII, surge Tomás de Aquino, quien —a despecho de los clamores de Paulo de Tarso, que llama a los cristianos a protegerse de la sabiduría de los griegos— fusiona el pensamiento cristiano con el pensamiento de Aristóteles, en su ciclópea obra titulada *Suma teológica*, haciendo del cristianismo una religión de difícil digestión intelectual para los fieles pobres en espíritu, que obligaría al mismo Cristo a tomar un curso de teología el día que volviera a la Tierra.

Se hacía de esta manera realidad la profecía de Jeremías (8-8 y 9): "¿Cómo decís: sabios somos, poseemos la ley de Yahvé?". Mas he aquí que la pluma mentirosa de los escribas la ha convertido en mentira. Confundidos están los sabios, consternados y presos; pues han rechazado la palabra de Yahvé. ¿Qué sabiduría puede haber en ellos?"

Tal vez el cristianismo retome su camino original el día que descubra que Tomás de Aquino fue el mayor hereje del segundo milenio.

Sin embargo, es necesario destacar que la Iglesia católica, a través de la obra de San Agustín, *La ciudad de Dios*, se anticipa a su época al desarrollar la idea de la posibilidad de que el hombre construya una sociedad humana perfecta bajo preceptos de la ley divina.

Reducida la naturaleza a la categoría de "material disponible", hecho al ser humano "a imagen y semejanza de Dios" y habiéndose reconocido su "señorío sobre la Tierra", quedaba un solo paso pendiente para satisfacer los "delirios esquizofrénicos" del hombre: eliminar a Dios.

Para ello, durante los siglos XVII y XVIII, la preocupación fundamental del pensamiento social estuvo encaminada a la construcción de un sistema conceptual, lógicamente consistente, que sirviera de fundamento a modelos estrictamente racionales para la construcción de la sociedad humana.

No obstante, este hecho no rompió la tendencia teológica del pensamiento humano. La exclusión de Dios no implicó un cambio en la estructura mental del ser humano, es decir, no eliminó de la mente del hombre su tendencia patológica a transformar en entidades reales todo tipo de aberraciones mentales. La diosa razón fue pródiga en la producción de entes auxiliares que caracterizaron a un ser humano lleno de atributos positivos, al cual se podía admirar, loar y servir intelectualmente con tranquilidad.

El ser humano imaginado por la filosofía moderna es en esencia razón y, como consecuencia de ello, resulta en: hombre bueno por naturaleza, hombre justo, hombre con amor a sus semejantes, hombre controlador de sus instintos animales, hombre con derechos por naturaleza, hombre amante de la paz e innúmeros atributos más.

Para este hombre imaginario, las ciencias sociales modernas crearon modelos de sociedad, o, como dice Robert Redfield: "En la civilización moderna, tal como aparece así en el oeste como en el este, los hombres comúnmente se lanzan a hacer un mundo futuro diferente de aquel en que viven. El Occidente inventó el progreso y la reforma. El Oriente está hoy en plena revolución. Hay una firme determinación de cambiar las cosas. La hechura intencional de la sociedad es una concepción del hombre civilizado; quizá, solamente del hombre moderno".

Indudablemente, son numerosos los modelos de sociedad que se han ideado y algunos que se han puesto en práctica en las sociedades humanas desde el siglo XVIII.

Solo a dos de ellos haremos una mera referencia, en consideración a que ambos fueron puestos en aplicación y establecen como motivo fundamental de su creación la búsqueda de la solución al problema de la desigualdad existente entre los seres humanos y, además, porque ambos, en nuestro concepto, reúnen el carácter de delirios esquizofrénicos, construidos a partir de meras abstracciones intelectuales y no constituyeron soluciones racionales aplicadas a situaciones reales sobre las que se pretendía actuar.

El primero de ellos, que constituyó el sostén ideológico de la Revolución francesa, es *El contrato social* de Jean Jaques Rousseau, quien pretendía: "Encontrar una forma de asociación que defienda y proteja con toda la fuerza común a la persona y los bienes de cada asociado, y por el cual, uniéndose cada uno a todos, no obedezca, sin embargo, más que a sí mismo y permanezca tan libre como antes. Tal es el problema fundamental, cuya solución da el contrato social".

Agrega más adelante: "El orden social es un derecho sagrado que sirve de base a todos los demás. No obstante, este derecho no viene de la naturaleza; luego se funda en convenciones. Se trata de saber cuáles son estas convenciones".

Creo que bastan estas dos citas para darnos cuenta de que, desde la perspectiva de nuestros conocimientos actuales, nos encontramos ante una sucesión de conceptos irreales, que no llevan a ningún destino. ¿Qué sentido tiene aquello de "unirse cada uno a todos y permanecer tan libre como antes" o de que "el orden social —que se funda en convenciones— es el derecho fundador de todo otro derecho"?

Sin embargo, no me resisto a la tentación de consignar un ejemplo específico que muestra con claridad asombrosa la insalvable distancia que existe entre los delirios esquizofrénicos de los seres humanos y sus conductas reales.

Citaré primero un párrafo del discurso que Robespierre pronunció en París, en mayo de 1793, ante la Convención:

"El hombre ha nacido para la felicidad y la libertad, y por doquier es esclavo y desgraciado. La sociedad tiene por objeto la conservación de sus derechos y la perfección de su naturaleza, y por doquier le degrada y le oprime. Ha llegado el tiempo de llamar al hombre a su verdadero destino. Los progresos de la razón humana han preparado esta gran Revolución y a vosotros os corresponde especialmente el deber de acelerarla. Para cumplir vuestra misión es preciso hacer justo todo lo contrario de lo que se ha hecho hasta ahora. Hasta aquí el arte de gobernar no ha sido sino el arte de despojar y de esclavizar a los más en beneficio de los menos y, la legislación, el medio de convertir estos atentados en algo sistemático. Los reyes y los aristócratas han hecho muy bien su trabajo. Ahora os toca hacer el vuestro. Es decir, que los hombres vuelvan a ser libres y felices a través de las leyes."

Veamos, ahora, el comentario respecto del contenido de este discurso, hecho por el historiador Pedro J. Ramírez, en su obra *El primer naufragio*:

"Es imposible leer este discurso sin sentir el estremecimiento que produce el contraste entre tan bellos principios y atinados criterios sobre la libertad política y las propias medidas que (Robespierre) había estado impulsando durante las últimas semanas e, incluso, cuarenta y ocho horas antes. Cuesta creer que ese orador idealista que hacía tal canto a los derechos individuales y la democracia liberal un viernes fuera la misma persona que el miércoles había alentado la consigna de detener a todos los "sospechosos", la misma que había instigado los asaltos a los periódicos y la misma que ya salía sistemáticamente al paso contra cualquier atisbo de justicia o de piedad que atenuara el imperio de la guillotina. Es difícil encontrar en la historia de la civilización humana un caso tan flagrante de esquizofrenia política."

El segundo modelo, que sirvió de soporte ideológico a la Revolución comunista en Rusia, lo encontramos en el *Manifiesto comunista*, de Marx y Engels, y en *El capital* de Karl Marx.

Su carácter de mera construcción intelectual sin soporte alguno en la realidad, esto es, de delirio esquizofrénico, resulta patente si consideramos que la posibilidad de construir una sociedad humana sin clases no encuentra comprobación empírica alguna en las investigaciones antropológicas e históricas sobre estas sociedades en toda la historia de la humanidad y que, además, la evidencia empírica señala que la estratificación social parece ser una característica innata de la mayor parte de los mamíferos.

Solo nos parece posible construir mejores sociedades a partir de la naturaleza real de los seres humanos. No es posible construir nuevos seres humanos a partir de sociedades imaginarias.

2 - Las conductas reales de la manada humana

a) El poder y la matanza

Con el concepto de poder se han construido entelequias de tales dimensiones que solo el nombrarlo produce un cierto temor instintivo. Pero nuestro acercamiento a él es sumamente modesto. No pretendemos hacer ni filosofía, ni ciencia social, sino solo aludir a esa tendencia inconsciente del ser humano, como individuo y como grupo, de imponer su voluntad a otros.

Hasta donde han llegado las investigaciones, parece que, en general, en los grupos formados por los mamíferos y por las aves, existe una tendencia innata a generar dentro del grupo una jerarquización social, pero esa jerarquización tiene una causa natural evidente. Así el grupo logra una mayor eficiencia en su tarea de sobrevivir y reproducirse, y, además, asegura la armonía dentro del grupo.

Pero en los seres humanos el poder parece ser algo distinto. Es una apetencia enorme, un deseo irrefrenable, un hambre invencible, como la avaricia o la adicción a los estupefacientes, que algunas veces solo afecta a los individuos y, en otras, al grupo social en su conjunto.

Entonces, el hombre o el grupo se hunden en el pantano esquizofrénico delirante de la posesión de la verdad absoluta, de la completa intolerancia.

Como acción colectiva, en estos casos, tal vez la más clara y evidente tendencia inconsciente del ser humano es la de quitar la vida a los seres de su especie, encontrando siempre un motivo que, en su concepto, justifique tal decisión.

En el resto de las especies animales, la eliminación de otros actúa como un mecanismo congénito derivado de la necesidad de supervivencia. Por el contrario, en la manada humana es un acto deliberado que, en general, se funda en incontenibles abstracciones delirantes.

El tema es altamente complejo y, por ello, nos aproximaremos a él recurriendo a una de las mentes más brillantes de la cultura europea actual: Roberto Calasso en su obra *La ruina de Kasch*:

"La historia del reino de Kasch enseña que el sacrificio es causa de la ruina y que la ausencia de sacrificio también es causa de la ruina. Este par de verdades simultáneas y contrapuestas alude a una verdad concreta y más obscura, que reposa en la quietud: la sociedad es la ruina. Y de esta oscuridad una alusión nos dirige a otra cosa, más profunda: la sociedad es la ruina porque en ella repercute el sonido del mundo, su incesante zumbido devorador. La historia también se resume en esto: durante un largo período los hombres mataron a otros seres dedicándolos a un ser invisible, y a partir de un cierto momento mataron sin dedicar el gesto a nadie. ¿Olvidaron?, ¿consideraron inútil este gesto de homenaje?, ¿lo condenaron como repugnante? En cierto modo, intervinieron todas estas razones. Luego quedó la pura matanza. Los aztecas estaban constantemente en guerra, pero no por voluntades de conquista. Para ellos la guerra servía sobre todo para procurarse prisioneros, que luego se convertían en las víctimas de los sacrificios. Veinte mil años, según los cálculos de algunos estudiosos. Respecto al sacrificio, la guerra era un sucedáneo. Cuando el sacrificio dejó de ser una institución, se retiró a su potencia subordinada: la guerra. En agosto de 1914, todo el aparato litúrgico del sacrificio se sacó una vez más de los baúles. Quitaron el polvo de las imágenes sanguinarias y las colocaron en el centro de los apartamentos y los periódicos. En la Segunda Guerra Mundial habría bastado, por el contrario, concentrarse en una sola palabra: holocausto. El experimento es un sacrificio del cual ha sido eliminada la culpa. La pirámide sacrificial, donde la sangre ha manchado las cálidas piedras del altar, se convierte en un vasto matadero, se extiende horizontalmente en una esquina cualquiera de la ciudad. Los mataderos de Chicago, los laboratorios universitarios, con sus pasillos que huelen a ranas desmembradas, las centrales camufladas en el desierto, son lugares de un mismo culto. Distribuyen la fuerza gracias a una intervención violenta, una decisión en la que todo se concentra en los procedimientos para que su capacidad de control sea cada vez más perfecta. ¿Acaso no habían ya dicho los videntes védicos que "la exactitud de la realidad es el sacrificio"? Cuanto más perfecto es el control, más rico el material elaborable, más intensa la fuerza liberada, más incontrolable su salida. En la técnica la "parte maldita", la "parte del fuego" ha pasado a ser la inmensa disipación experimental, dedicada al dios desconocido que es el dios de lo desconocido. Y, como en el sacrificio, es precisamente esa parte irreversiblemente destruida la que asegura la vida futura."

Es obvio que la tendencia hoy prácticamente instintiva a la matanza que exhiben las manadas humanas no existió como tal en el hombre en los comienzos de su vida como especie singular. Así lo demuestra empíricamente la inexistencia de tal tendencia en otros mamíferos que coexistieron o coexisten con él.

Debemos, en consecuencia, concluir que tal tendencia forma parte de lo que, solo con bastante humor negro, podemos denominar "su evolución cultural".

Asimismo, es obvio que esta conducta de la especie es inseparable de otras que le son características, como ocurre con la avaricia ilimitada o el desprecio por el resto de los miembros de la misma especie, a los cuales aludiremos más adelante.

Basta un somero vistazo al desarrollo histórico de la especie para advertir que la matanza es una conducta que ha venido creciendo a través del tiempo —a despecho de visiones delirantes que pretenden rechazarla fundadas en argumentaciones teológicas o filosóficas y de una pretendida aceptación masiva de dichas visiones— hasta tener en la actualidad la condición de comportamiento normalmente aceptado o, al menos, normalmente ignorado, y alcanzar dimensiones realmente apocalípticas.

Echemos un vistazo tan solo al siglo XX, el más sangriento de toda la historia de la humanidad, para comprobar la veracidad de nuestra afirmación.

Si consideramos solo los peores conflictos del período —Primera y Segunda Guerra Mundial, Revolución comunista en la URSS, guerra civil en Camboya, conflicto étnico en Ruanda, guerra Irán-Irak, invasión de EE.UU. a Vietnam, guerra civil en Angola y guerra civil en España—, las víctimas exceden la cifra de 200 millones de seres humanos.

El número de seres humanos que viven en situación de estar en peligro de morir de hambre, de acuerdo con estimaciones de las Naciones Unidas, y que no reciben ayuda del resto de las manadas humanas, exceden de mil millones.

En el mundo se gastan anualmente más de un millón de millones de dólares en armamentos de todo tipo, gasto que aumenta cada año en un porcentaje mayor al aumento de la población y el crecimiento económico.

Una décima parte del gasto en armamentos sería suficiente para entregar una mínima asistencia sanitaria, agua potable, condiciones higiénicas básicas, alimentación y educación a los 500 millones de niños que nacen cada año para morir de inanición.

Las redes del narcotráfico se extienden por todo el mundo y su poderío armado, que es lo que nos interesa en este momento, alcanza tales niveles, que los Gobiernos estatales son incapaces de contenerlas aun en los países más desarrollados, de modo que ellas controlan territorios enteros, en donde aplican sin contrapeso sus propios sistemas de ajusticiamiento.

La prensa y la televisión entregan minuto a minuto un fluido contenido de matanzas en los más diversos puntos del mundo, haciendo de la muerte y la crueldad una alimentación intelectual constante para adultos y niños, con lo cual esos episodios terminan por transformarse en hechos de la vida corriente y normal de los seres humanos, que no sorprenden a nadie.

Los juguetes para los niños son normalmente armas o robots destructores y sus juegos digitales de diversión consisten habitualmente en alcanzar la habilidad suficiente para matar el mayor número posible de adversarios y en los que el error se paga con la vida.

En nuestra sociedad actual, la muerte ha pasado a tener el carácter de un hecho cotidiano normal, que no sorprende ni emociona a nadie. Solo ocurre y eso sería todo.

b) Avaricia y desigualdad

Resulta curioso que, en el pensamiento antropológico, se tienda a relacionar estos factores determinantes del comportamiento humano con el surgimiento de lo que se tiende a denominar "modernidad".

Así, Robert Redfield nos dice:

"Así pues el hombre se hace a sí mismo en dos sentidos, y estos dos sentidos implican un contraste entre la sociedad folk y, por lo menos, la sociedad moderna. El hombre se hace a sí mismo a través del lento e impremeditado crecimiento de la cultura y de la civilización. Más tarde, el hombre intenta controlar este proceso y dirigirlo hacia donde quiere. El tópico es la transformación de la sociedad folk en civilización, a través de la aparición de la idea de reforma, de alteración de la existencia humana, sin exceptuar la modificación del hombre mismo por obra de su propósito y una intención deliberada".

Por su parte, George Steiner señala:

"Después de todo, la conquista de la civilización occidental por una economía monetaria total significó el atribuir valores trascendentes al dinero. El poseer dinero y la manera en la cual el dinero de una persona está 'trabajando' para ella y no está 'ocioso' son miras cuya valoración trasciende la valoración de los bienes que pueden ser comprados con dinero y usados. La aparición de la economía capitalista llegó con la apariencia de un evangelio de salvación y de un ascético rechazo del uso de los bienes".

Sin embargo, el hecho es que el tema "avaricia y desigualdad" ha estado presente en las sociedades humanas por lo menos desde su asentamiento en ciudades.

Comencemos por escuchar a Creonte, en la tragedia *Antígona*, de Sófocles, en el siglo V antes de Cristo:

"Porque no ha surgido entre los hombres institución tan perniciosa como el dinero. El dinero destruye las ciudades, el dinero expulsa a los hombres de sus casas, el dinero trastoca las mentes honradas de los mortales y los induce a entregarse a acciones vergonzosas. Es él quien enseña a los hombres a tener picardía y a cometer impiedades de todo género. Mas cuantos han cometido a sueldo el desafuero este, han hecho al fin algo que les reportará castigo. Pues bien, si aún recibe Zeus de mi reverencia, entérese bien de esto, te lo digo bajo juramento: si no descubrís al autor material de este sepelio y lo mostráis ante mis ojos, no os bastará solo con la muerte, antes daréis colgados en vida muestras de esta afrenta, a fin de que, enterados de donde se deba sacar provecho, cometáis en adelante vuestras rapiñas y aprendáis que no se debe amar el lucro procedente de toda cosa. Porque, a consecuencia de las ilícitas ganancias, son más los que pueden ver perdidos que salvados."

A su vez, Plutarco, en sus *Vidas paralelas*, aludiendo a la toma del poder sobre Esparta por parte de Licurgo, en el siglo IV antes de Cristo, expresa:

"La segunda y más osada ordenación de Licurgo fue el repartimiento del terreno, porque siendo terrible la desigualdad y diferencia, por lo cual muchos pobres necesitados sobrecargaban la ciudad, y la riqueza se acumulaba en muy pocos, se propuso desterrar la insolencia, la envidia, la corrupción, el regalo, y principalmente los dos mayores y más antiguos males que todos estos: la riqueza y la pobreza, para lo que les persuadió que, presentando el país todo como vacío, se repartiese de nuevo, y todos viviesen entre sí uniformes igualmente arraigados, dando el prez de preferencia a sola la virtud, como que de uno a otro no hay más diferencia o desigualdad que la que induce la justa represión de lo torpe y la alabanza de lo honesto."

Expresa, además, Plutarco, al desarrollar la historia del gobierno de Solón en Atenas, en el siglo IV antes de Cristo:

"Entonces fue también cuando la disensión entre los pobres y los ricos llegó a lo sumo, poniendo a la ciudad en una situación sumamente delicada: tanto, que parecía que solo podía volver de la turbación a la tranquilidad y al sosiego por medio de la dominación de uno solo, porque el pueblo todo era deudor esclavizado a los ricos, pues o cultivaban para estos, pagándoles el sexto, por lo que les llamaban 'partisextos' y 'jornaleros', o tomando prestado sobre las personas quedaban sujetos a los logreros, unos sirviéndolos, y otros siendo vendidos en tierras forasteras. Muchos había que se veían precisados vender sus hijos, pues no había ley que lo prohibiera, abandonar la patria por la dureza de los acreedores."

Agrega más adelante:
"Fue, pues, elegido Arconte, después de Filómbroto, y juntamente medianero y legislador; a satisfacción de los ricos, por ser hombre acomodado, y de los pobres, por la opinión de su probidad. Háblase también de esta sentencia suya, esparcida con anterioridad: que la igualdad no engendra discordia, y acomoda a ricos y pobres, esperando los unos una igualdad que consista en dignidad y virtud, y los otros, una igualdad de número y medida".

No parece necesario desarrollar la historia de la avaricia y la desigualdad desde la Edad Antigua hasta nuestros días para sostener que tales conductas constituyen un patrimonio inconsciente que forma parte de la naturaleza de la especie humana, por lo que todas las elucubraciones sobre ellas en función de valores filosóficos modificables y todos los modelos que se han construido y se construyan pensando en lograr su erradicación son simples delirios esquizofrénicos que ignoran al hombre real.

El afán incontrolable e ilimitado de acumular dinero, que hoy transforma a quienes lo practican en verdaderos modelos de seres humanos, dignos de imitación e ídolos de la sociedad y que, además, la moderna teoría económica considera como los grandes motores del desarrollo y apóstoles constructores de una milagrosa igualdad futura, son solo los agentes más destacados de la desacralización de la naturaleza y su destructiva cosificación que, ignorando que el hombre, la naturaleza y, si se quiere, también Dios forman un todo interdependiente, cuya deconstrucción solo lleva al desaparecimiento de las especies que han sido el resultado de tal simbiosis.

Detengámonos ahora en los antecedentes disponibles sobre la situación actual de la pobreza en el mundo, concepto con el cual aludimos a la forma de vida que surge como consecuencia de carencia de los recursos mínimos necesarios para satisfacer las necesidades físicas y psíquicas de los seres humanos.

Las estadísticas del Banco Mundial muestran que un 48% de la población mundial vive en situación de pobreza, es decir, con un ingreso inferior a US$ 2 diarios.

Si las nuevas estadísticas sobre la población mundial muestran que se ha alcanzado la cantidad de 7000 millones de habitantes, debemos concluir que se encuentran en situación de hambre 3336 millones de seres humanos.

Esta cifra se centra, principalmente, en la población de los países en desarrollo y, dentro de ellos, en la población rural.

Podemos complementar estas cifras con indicadores tomados de los informes de las Naciones Unidas sobre "Los objetivos del milenio":

- 100 000 personas mueren al día por hambre.
- Cada 5 segundos un niño menor de 10 años muere por falta de alimento.
- Más de 1000 millones de personas viven actualmente en la pobreza extrema (menos de un dólar al día). El 70% son mujeres.
- Más de 1800 millones de seres humanos no tienen acceso a agua potable.
- 1000 millones carecen de vivienda aceptable.
- 2000 millones padecen de anemia por falta de hierro.
- 2000 millones de personas carecen de acceso a medicamentos esenciales.

Pero no se crea que los 3640 millones de habitantes del planeta que aparecen libres del hambre disfruten en condiciones semejantes de los placeres de la vida. Nos falta aún considerar al tema de la distribución del ingreso.

Los antecedentes acumulados por José Antonio Lobo Alonso, en su obra ¿Está en peligro la paz?, nos permiten señalar los siguientes:

El rendimiento anual de la economía mundial creció de 31 mil millones de dólares en 1990 a 42 mil millones de dólares en 2000. Jamás se había producido tanta riqueza; pero jamás había estado tan mal distribuida.

El PIB, calculado en 25 billones de dólares, se distribuye en 18 billones de dólares para los países de G7 (Estados Unidos, Canadá, Inglaterra, Francia, Italia, Alemania y Japón) y los restantes 7 billones de dólares se reparten entre los restantes más de 180 países.

Si se concentran los países del mundo en cinco grupos iguales, según la riqueza de que disponen, se puede constatar que el 20% de los países más ricos posee una riqueza 150 veces superior al 20% de los países más pobres.

Tres ciudadanos estadounidenses ––Bill Gates, Paul Allen y Warren Buffett–– poseen juntos una fortuna superior al PIB de 46 países pobres, en los cuales viven 600 millones de habitantes.

Las 356 personas más ricas del mundo disfrutan una riqueza que excede el 40% de la renta anual de la humanidad.

Contra el axioma de que primero hay que generar riqueza para que luego, automáticamente, llegue a los sectores más bajos, la investigación ha revelado que las desigualdades, en lugar de atenuarse, se incrementan. La investigación, realizada primeramente en 1960, se repitió en 1990. En estos 30 años, el 20% de los países más ricos aumentó su participación en la riqueza mundial del 70,2% al 82,7%, mientras que el 20% más pobre disminuyó, pasando del 2,3% al 1,4%.

c) Explotación del hombre por el hombre

No ha existido en le historia de la vida en el mundo especie animal alguna que haya exhibido, como característica inherente a su naturaleza, la práctica de explotar a los seres de su misma especie para la satisfacción de sus apetitos, con excepción tan solo del ser humano.

Más allá de los delirios esquizofrénicos consistentes en exhortaciones divinas, principios filosóficos y creaciones legislativas internacionales y nacionales, el implacable impulso genético de la especie nos hunde en una realidad distinta.

Tal vez la esclavitud, esa institución que nació con la sociedad humana, si hubiera sido adecuadamente regulada —siguiendo el principio que Tomás de Aquino recomendó para la prostitución, en el sentido de que aquello que no se puede suprimir debe ser bien regulado— habría sido más suave que la esclavitud, declarada universalmente ilegal, que se sigue practicando masivamente de manera encubierta.

Como hemos comenzado por la esclavitud, nos referiremos, en primer lugar, al fenómeno global que en el lenguaje legal internacional se denomina "tráfico de personas", que la convención sobre la materia define como: "la captación, el transporte, el traslado, la acogida o la recepción de personas, recurriendo a la amenaza o uso de la fuerza u otras formas de coacción, al rapto, al fraude, al engaño, al abuso de poder o de una situación de vulnerabilidad o a la concesión o recepción de pagos o beneficios para obtener el consentimiento de una persona que tenga autoridad sobre otra, con fines de explotación".

La trata de personas es un fenómeno en el que más de 130 países han reportado casos y constituye una de las actividades más lucrativas a nivel internacional, después del tráfico de drogas y armas.

De acuerdo con las estimaciones de las Naciones Unidas, más de 2,4 millones de personas están siendo explotadas actualmente como víctimas de la trata de personas, ya sea para explotación sexual o laboral. Hasta un 80% de las víctimas de la trata de personas son mujeres y niñas.

La práctica del secuestro, desaparición y ocultamiento de la identidad de niños, que utilizan mafias internacionales con el fin de obtener financiamiento, constituye una forma de la trata de personas.

Mediante el tráfico de niños, se provee un creciente mercado mundial que los utiliza en la explotación laboral, en el servicio doméstico o el trabajo esclavo, la prostitución, el abuso sexual, la pornografía, la delincuencia, la mendicidad, el suministro de órganos e, incluso, el uso militar.

Pero sería una miopía intelectual limitar el concepto de esclavitud tan solo a estos delitos internacionales e ignorar que en nuestro mundo moderno existen formas de esclavitud más sofisticadas y, además, legales. Están, por ejemplo, la servidumbre por deudas, la participación obligatoria de ciudadanos en trabajos de desarrollo económico, el trabajo forzoso impuesto por el Gobierno, el reclutamiento forzoso para fines militares, el trabajo de los presos para terceros y en beneficio del Estado, etcétera.

Faltaría todavía preguntarnos: ¿No constituirán, también, una forma de esclavitud aquellas situaciones en que el trabajador se encuentra indefenso frente a su empleador y debe aceptar sueldos míseros, falta de pago oportuno de sus salarios, tratos inhumanos, ambientes insalubres, falta de medidas de seguridad adecuadas a las labores desarrolladas, etcéteras? ¿No constituirá también una forma de esclavitud el que cada vez que la situación económica desmejora y declinan las utilidades del empresario, este busque la superación de la crisis despidiendo personal y condenándolo a la miseria para mejorar sus utilidades?

Ampliando aun más el espectro: ¿No será esclavitud que un Estado en crisis sea obligado a reducir las remuneraciones y a despedir a sus funcionarios para poder recibir ayuda económica de otros Estados y organismos internacionales?

Pero nos falta todavía referirnos a otra de las más crueles manifestaciones de la explotación del hombre por el hombre: el narcotráfico.

El tráfico de drogas es un comercio internacional ilícito que involucra el cultivo, manufactura, distribución y venta de substancias sujetas a la legislación sobre prohibición de drogas.

De acuerdo con la información proporcionada por las Naciones Unidas, a los niveles actuales, el consumo de heroína en su mercado mundial alcanza a 340 toneladas. De ellas, una parte va al mercado de Europa Occidental, con un valor anual de 20 billones de dólares, y el resto a la Federación Rusa, con un valor de 13 billones de dólares.

En 2007 y 2008, la cocaína fue consumida por alrededor de 17 a 18 millones de personas en el mundo, cantidad similar al número global de consumidores de opio. Norteamérica representa más del 40% del consumo global de cocaína (el total se estima en alrededor de 470 toneladas), mientras que los 27 países de la Unión Europea y 4 de la Asociación Europea de Libre Comercio representan más de un cuarto del consumo total. Estas dos regiones contabilizan más del 80% del valor total del mercado global de cocaína, que fue estimado en 88 billones dólares en 2008.

Dado el efecto que produce el uso de estas drogas en sus consumidores y la cantidad de seres humanos involucrados, es imposible negar que el hombre sea un ser implacable en el uso de los individuos de su especie para lograr sus apetencias.

Capítulo VI
Algunos delirios esquizofrénicos destacados del ser humano

1 - El *Homo sapiens sapiens* como ser autosuficiente y autónomo

El delirio principal y fundante de la conducta del hombre ha sido el de considerarse un ser autosuficiente y autónomo, que puede manejarse a sí mismo y manejar el mundo exterior a su sola voluntad.

Esta concepción fue comprensible en todo el período de la historia en que el ser humano se imaginó a sí mismo construido en un acto individual y exclusivo. Es decir, el hombre hecho de una sola vez y como especie única.

Pero hoy con el enorme desarrollo alcanzado por el estudio de la evolución de las especies y la genética, tal visión de sí mismo constituye un disparate.

El hombre no es más que un ser pluricelular complejo, producto de un proceso de simbiosis celular que se desarrolló durante 3000 millones de años, cuya existencia es imposible sin la concurrencia de la biósfera que generó su existencia.

Y no nos referimos solo a los eucariontes que fundamentalmente lo constituyeron y a la naturaleza detectable que le rodea, sino también a los millones de bacterias y virus que constituyen parte esencial de su existencia y, con frecuencia, de su muerte.

2 - EL *HOMO SAPIENS SAPIENS* COMO "REY DE LA CREACIÓN"

No contento con considerarse una creatura especialísima, el ser humano rápidamente se adjudicó algunas otras modestas características: "hecho a la imagen y semejanza de Dios", "rey de la creación" y "amo del mundo exterior", que le habrían sido entregadas para usar y abusar de ellas a su antojo.

Con esta visión de su naturaleza y poderes, sumada a la ignorancia y desprecio de la interdependencia de su especie con los elementos de la biósfera, el hombre se ha transformado en el más gigante depredador que haya conocido la historia.

Sería tarea difícil siquiera enumerar los daños que el hombre ha producido en los ecosistemas del mundo y los efectos nocivos que ellos causan en la supervivencia de todas las especies vivas.

La Tierra está en su mayor parte devastada, la contaminación de las aguas alcanza a todos los lugares del planeta y el aire está enormemente afectado en su calidad y composición por substancias extrañas a su constitución normal.

Y todo ello porque la riqueza y el poder son considerados como los únicos caminos que conducirán a la especie a la felicidad.

Mientras tanto, la inmensa mayoría de la manada humana, que está marginada de los beneficios de tales factores, sufre la muerte masiva, la propagación de enfermedades, el hambre, el desamparo, la desaparición de animales y vegetales y, en general, una calidad de vida degradada que no se detecta en ninguna otra manada animal.

3 - CIERTAS LIGERAS DESCOMPENSACIONES DEL SER HUMANO

En forma probablemente instintiva, el hombre sospecha que algo en su comportamiento no está funcionando bien, pero realmente no quiere o no puede cambiar las cosas.

Entonces, se recurre al delirio esquizofrénico. El problema estaría en que se ha producido un desequilibrio entre el desarrollo tecnológico y el desarrollo moral del ser humano. Pero no hay que preocuparse demasiado. El desarrollo tecnológico no puede detenerse porque permite a la sociedad —por lo menos a aquella parte de la sociedad que tiene acceso a él, que es lo que realmente importa— un más placentero nivel de vida. En cuanto al aspecto moral, tendiendo el hombre al bien por naturaleza, ya mejorará con el tiempo.

El *Homo sapiens sapiens* está entre las especies animales que son susceptibles de un cierto nivel de entrenamiento para lograr una convivencia más tranquila, pero no es posible erradicar de él su formación instintiva, su real ser que está escrito en sus genes.

Tal vez algún día se llegue a descubrir que el *homo* nunca evolucionó más allá del "hombre hábil esquizofrénico".

Tal vez, sin que nunca lleguemos a advertirlo, seamos la creación que el universo microcelular necesitaba para lograr su expansión más allá de la Tierra.

4 - El hombre descifra el lenguaje de Dios

Nos hemos detenido anteriormente en el tema del sustrato teológico que subyace en todas las manifestaciones de la cultura humana, a pesar de las más fervientes manifestaciones de ateísmo.

Tal vez, un ejemplo paradigmático de este fenómeno lo encontremos en el caso de aquel fogoso orador comunista que, arengando en una concurrida manifestación popular en Madrid, tuvo el humano problema de perder el rumbo de la idea que estaba desarrollando. Entonces, se excusó ante el auditorio diciendo: "Perdón, se me fue el santo al cielo".

Pues bien, el gran descubrimiento científico de nuestro tiempo ha sido la decodificación del genoma humano.

¿Cuál fue la declaración delirante que formularon algunos científicos? Nada menos que la siguiente: "No hemos llegado a Dios, pero, al menos, hemos comenzado a deletrear su lenguaje".

Si nos atenemos al resultado de las investigaciones respecto de su propio genoma, realizadas por Craig Venter, decodificador del ADN, nos encontramos con que este código es bastante más complejo de lo que en un comienzo se imaginó. El mapa de Venter muestra 4,1 millones de lugares donde su código genético es totalmente diferente del genoma humano "de referencia" básico.

Al descubrir el genoma humano, no hemos iniciado el conocimiento de ningún misterio teológico. Tan solo nos hemos abierto a un nuevo campo de investigación, cuya extensión es aún inconmensurable.

Como vemos, hasta la cientificidad puede asomarse a los caminos del delirio teológico. Existen ejemplos emblemáticos para demostrarlo.

Comencemos con el caso de Einstein. No obstante la gigantesca revolución que significó en la cosmología y la física su teoría de la relatividad, y no obstante ser el primer científico que aceptó la teoría cuántica de Max Plank, llegó un momento en que se alarmó ante el "efecto incertidumbre" que emanaba de ellas y lanzó su conocida sentencia: "Dios no juega a los dados".

Había buscado una fundamentación teológica para un efecto que era científicamente explicable. Se trata de un universo probabilístico y no de uno azaroso o caótico.

Veamos otro ejemplo: numerosos científicos han afirmado que "las matemáticas son el lenguaje de la naturaleza", transformando un instrumento útil para el conocimiento humano en una suerte de entidad esotérica que constituiría la base ontológica del mundo natural.

Sin llegar a la crudeza del extraordinario físico norteamericano Richard Feynman, quien expresó: "La física es a la matemática lo que las relaciones sexuales son a la masturbación", creemos que las matemáticas constituyen un metalenguaje que facilita a los científicos la simulación de los fenómenos naturales, para luego, por medio de la investigación científica, verificar la concordancia del modelo con la realidad. En gran medida, los modelos matemáticos tienen su mayor eficacia en el falseamiento de sus predicciones, que abren el camino a nuevos modelos y nuevas posibilidades de conocimiento.

5 - El hombre conquista el universo

Para dar un ejemplo más de estas alucinaciones y delirios del *Homo sapiens sapiens*, resulta útil referirse a uno de los delirios más divulgados y actuales con que se solaza la especie humana: "El hombre a la conquista del universo".

Hemos señalado que en nuestro universo existen unos 100 000 millones de galaxias en un espacio que se dispersa en unos 14 000 millones de años luz. Luego, si el hombre solo deseara recorrer ese universo en toda su extensión y en una sola dirección, a la velocidad de la luz, esto es 300 000 kilómetros por segundo, necesitaría viajar 14 000 millones de años, tiempo que no considera el siempre acelerado proceso de expansión del universo.

Pero seamos más modestos y pensemos solo en recorrer nuestra galaxia, la Vía Láctea, en un solo sentido y también a la velocidad de la luz. Siendo su extensión de unos 100 000 años luz, ese es, también, el número de años que el hombre requeriría.

Pongámonos más modestos aún y decidamos que nos limitaremos a poblar el planeta Marte.

Primero, tenemos que recordar que el hombre es el producto de un proceso de simbiosis celular, cuya existencia es imposible sin la concurrencia de la biósfera que ha generado su vida. El hombre es incapaz de vivir en cualquier medio y todos los esfuerzos que ha hecho por ampliar el espacio de su hábitat a lugares inhóspitos han comenzado por replicar en esos lugares su hábitat natural.

Segundo, si queremos colonizar Marte, debemos previamente replicar allí la biósfera terrestre. ¿Será posible que el ser humano realice en ese lugar un proceso que la naturaleza desarrolló en nuestro planeta en 5000 millones de años? ¿Sabe siquiera el hombre, con algún grado de certeza, por qué y cómo se realizó este proceso?

Nos atrevemos a sostener que la llamada "conquista del universo" es un proyecto más delirante que el de la Torre de Babel.

Capítulo VII
El destino de la manada humana

Recapitulemos un poco. La mutación genética producida hace unos 100 000 años, que permitió a una especie de los homínidos desarrollar paulatinamente su capacidad de comunicación mediante el uso del lenguaje, un mayor grado de inteligencia y una mayor capacidad de interacción social, evolución que culminó, hace unos 40 000 años, con la aparición del *Homo sapiens*; constituyó, a la vez, un verdadero cataclismo en la relación de este con la naturaleza.

Por primera vez, un ser viviente toma conciencia de la existencia de un mundo exterior a él y diverso de él, mundo que, si bien en un sentido lo acoge y lo provee, en muchos otros lo ataca despiadadamente y es su enemigo.

Además, el sentido de la alteridad respecto de la naturaleza, adquirido por el *Homo sapiens*, lo hace tomar conciencia, por una parte, de su existencia personal como un ente independiente, como un "yo"; y, por otra, a preguntarse qué es él, qué es la naturaleza y cuál es la relación entre ambos.

Dice el Génesis:

3:17. A Adán le dijo: "Por haber escuchado la voz de tu mujer y comido del árbol del que Yo te había prohibido comer, será maldita la tierra por tu causa; con doloroso trabajo te alimentarás de ella todos los días de tu vida".

3:18. "Te producirá espinas y abrojos y comerás de las hierbas del campo".

3:19. "Con el sudor de tu rostro comerás el pan, hasta que vuelvas a la tierra; pues de ella fuiste tomado. Polvo eres y al polvo volverás".

3:23. Después, Yahvé Dios lo expulsó del Jardín del Edén para que labrase la tierra de donde había sido tomado.

Es esta una visión genial. Cuando el hombre adquiere el conocimiento, su castigo es la expulsión del paraíso. Ese es el momento de la primera ruptura de la cadena simbiótica que hacía de la naturaleza y de todo lo viviente una sola entidad. El ser humano comenzará ahora a preguntarse cuál es su papel en el mundo y cuál su relación con la naturaleza, creando una dualidad antes inexistente.

En la respuesta a estos últimos interrogantes, descubrimos que la "expulsión del paraíso" es solo una metáfora, que la verdadera condena recibida por el hombre fue la de "destruir el Jardín del Edén".

En nuestro concepto, todas las respuestas que el ser humano se ha dado, a través de su muy breve permanencia en la Tierra, respecto del cuándo, cómo, por qué y para qué de su existencia, han tenido un sentido teológico.

Esta afirmación es obviamente evidente respecto de todas las convicciones religiosas.

Lo es, también, respecto del pensamiento filosófico griego, ya que incluso Platón y Aristóteles consideraban la epóptica, esto es, los misterios de la Eleusis, como la parte mística y más importante de la filosofía pues, al ser tocada por alguien al menos una vez, le hacía sentir haber alcanzado la verdad y haber cumplido con la meta filosófica.

Respecto del racionalismo, desarrollado desde el Siglo de las Luces, hace ya demasiado tiempo que su pseudoateísmo y la falsedad de su pretensión de saberlo todo a través de la razón han sido puestos en descubierto.

Recordemos, ante todo, al tan olvidado Max Stirner ——a quien Marx y Engels dedicaron una crítica más extensa que la obra del propio criticado y que ejerció una gran influencia en Nietzsche, el que, por supuesto, lo ignoró completamente en su obra––, quien expresa:

"El temor de Dios propiamente dicho está desde hace largo tiempo quebrantado y la moda es un "ateísmo" más o menos consciente, que exteriormente se reconoce en un abandono general de los ejercicios del culto. Pero se ha trasladado sobre el hombre todo lo que se ha quitado a Dios, y el poder de la humanidad se ha aumentado con todo lo que la piedad ha perdido en importancia: el hombre es el Dios de hoy; y el temor del hombre ha tomado el lugar del antiguo temor de Dios. Pero como el hombre no representa más que otro Ser Supremo, el Ser Supremo no ha sufrido, en suma, más que una simple metamorfosis, y el temor del hombre no es más que un aspecto diferente del temor de Dios. Nuestros ateos son gente piadosa."

Son oportunos ahora, además, los luminosos comentarios de Roberto Calasso en torno al pensamiento de Nietzsche sobre los alcances del conocimiento metafísico:

"La condena del conocimiento de sí mismo es solo un corolario de la condena de cualquier metaconocimiento fijada a partir de ahora por la crítica de Nietzsche en un teorema que es, a la vez, una sentencia de muerte: *con el intento de conocer sus propios instrumentos el pensamiento necesariamente se autodestruye* (y en especial el pensamiento occidental, el único que se ha aventurado tranquilamente por tal camino). Pero la conmoción aportada por su pensamiento está en haber considerado el mismo pensamiento como exterioridad, pura sintomatología, secuencia de gestos, como la naturaleza misma. Esta es la pregunta que plantea Nietzsche: "¿Hasta qué punto el pensamiento, el juicio, la lógica toda pueden ser considerados como cara externa, como síntoma de un acontecimiento mucho más interno y fundamental?". La respuesta es: totalmente. "El mundo del pensamiento es solo un segundo grado del mundo fenoménico". Este es el término extremo de la crítica gnoseológica de Nietzsche: llevar todo el conocer y el pensamiento hacia fuera, presentándolo como una superficie en la que continúa el tejido de la naturaleza; algo que sirve para manifestar un proceso, pero no remontarse en un juicio desde el proceso hasta su principio. El pensamiento, en suma, pertenece al círculo de los signos."

Volvamos ahora sobre la manada humana, esos miembros de la especie de los mamíferos de reciente aparición en un planeta que ha existido durante 5000 millones de años y que, probablemente, subsista por unos 5000 millones de años más.

¿Qué pronóstico podemos hacer respecto de su comportamiento futuro y de la duración de su existencia en nuestro planeta?

En cuanto a su conducta, no existen fundamentos para pensar que ella va a cambiar. Ni prédicas religiosas ni argumentos filosóficos podrán alterar las visiones delirantes e irreales que los hombres han imaginado respecto de ellos mismos, ni tampoco modificar sus comportamientos —curiosamente considerados por los propios hombres como signos de animalidad, en circunstancias que no aparecen en ningún animal, excepto en el mismo hombre—, que están escritos en sus genes y forman parte de su patrimonio inconsciente.

Es inherente a la especie humana la fábula del alacrán que pidió a la rana que le ayudara a cruzar el arroyo, convenciéndola de que no había peligro de que la picara, pues eso significaría la muerte de ambos. Cuando, en medio del arroyo, la rana preguntó al alacrán el motivo por el cual de todos modos la había picado, este respondió: "Porque está en mi naturaleza".

Entretanto, las manadas humanas seguirán desarrollando los ciclos históricos que están escritos en su naturaleza. Cada vez que los marginados de la prosperidad alcancen un número suficiente, surgirán individuos o ideas alucinantes que les hagan soñar con un mundo más digno de ser vivido. Luego, correrá la sangre a raudales. Al final, todo volverá a ser igual, excepto que serán otras las moscas que se alimenten de la basura humana que constituyen los desposeídos.

En cuanto a la duración de la especie, los estudios realizados sobre la existencia de las especies vivas sobre la Tierra nos indican que su duración ha sido habitualmente muy larga, pero que ello fue consecuencia de una paulatina adaptación de cada especie a los cambios del medio natural en que surgieron y que fue la armonía dentro de esa simbiosis la causa de la duración.

La especie humana ha traído consigo la ruptura de la armonía entre ella y la naturaleza; y, en lugar de constituirse en un elemento útil para la mantención de la biósfera, se ha transformado en su depredador implacable, basado en una visión delirante de su superioridad como ente viviente, como dueño de todas las cosas y como manipulador eficaz de la existencia.

Es difícil apostar por la supervivencia larga y exitosa de tal ente. Todo indica que, más temprano que tarde —dentro del tiempo del universo y no del hombre, por supuesto—, la destrucción sistemática del medioambiente terminará con la extinción de la especie humana, en un tiempo muchísimo menor que aquel que duraron las demás especies que han existido en el planeta.

Suscribimos plenamente la opinión de Claude Lévi-Strauss sobre el tema, que se expresa, más o menos, así: "El mundo nació sin el hombre y morirá sin el hombre; y eso que llamamos 'cultura' será una vaga excrecencia que se perderá en la nada".

Y como lo indica Jeremías en 4:

> 22. ¡Qué necio es mi pueblo!,
> no me ha conocido;
> son hijos insensatos
> que no tienen inteligencia;
> son sabios para hacer el mal,
> pero el bien no saben hacerlo.
> 23. Miro la tierra,
> y he aquí que está desolada y vacía;
> los cielos, y no hay luz en ellos.
> 24. Miro los montes, y he aquí que tiemblan,
> y se conmueven todos los collados.
> 25. Miro, y he aquí que no hay hombre
> alguno,
> y las aves del cielo han huido todas.
> 26. Miro, y he aquí que la tierra fértil
> es un desierto,
> y todas sus ciudades están destruidas.

Índice

Editorial LibrosEnRed

LibrosEnRed es la Editorial Digital más completa en idioma español. Desde junio de 2000 trabajamos en la edición y venta de libros digitales e impresos bajo demanda.

Nuestra misión es facilitar a todos los autores la **edición** de sus obras y ofrecer a los lectores acceso rápido y económico a libros de todo tipo.

Editamos novelas, cuentos, poesías, tesis, investigaciones, manuales, monografías y toda variedad de contenidos. Brindamos la posibilidad de **comercializar** las obras desde Internet para millones de potenciales lectores. De este modo, intentamos fortalecer la difusión de los autores que escriben en español.

Nuestro sistema de atribución de regalías permite que los autores **obtengan una ganancia 300% o 400% mayor** a la que reciben en el circuito tradicional.

Ingrese a www.librosenred.com y conozca nuestro catálogo, compuesto por cientos de títulos clásicos y de autores contemporáneos.

www.ingramcontent.com/pod-product-compliance
Lightning Source LLC
Chambersburg PA
CBHW021604210326
41599CB00010B/592